AF314833

ENTRETIENS FAMILIERS

SUR

L'AGRICULTURE

IMPRIMERIE ET LITHOGRAPHIE SIRVEN, RUE D'AUDUISSON, 38-40, TOULOUSE.

ENTRETIENS FAMILIERS

SUR

L'AGRICULTURE

Les Litières, les Fumiers de Ferme
de Basse-Cour et de Volières
Sur le Guano, les Fientes humaines et les Composts

RECUEILLIS ET PUBLIÉS

POUR L'USAGE DES ÉCOLES RURALES

PAR

TH. SOULICE

Chevalier de la Légion d'honneur, Officier d'Académie, ancien chef de bureau au Ministère de l'Instruction publique, auteur de plusieurs ouvrages d'Instruction élémentaire.

Ouvrage recommandé par la Société centrale d'Agriculture du département des Basses-Pyrénées.

<table>
<tr><td>PARIS
LIBRAIRIE DE L. HACHETTE ET Ce
BOULEVARD SAINT-GERMAIN, 77</td><td>PAU
LIBRAIRIE DE LAFON
RUE HENRI IV, 3</td></tr>
</table>

1869

AVERTISSEMENT

Voici un livre de lecture destiné aux habitants de la campagne et à tous ceux qui, de près ou de loin. s'occupent de la culture de la terre.

Les cultivateurs lisent peu, nous le savons, mais c'est moins faute de temps que faute de livres faits pour eux, entrant dans leurs idées, répondant à leurs besoins. Celui-ci traite particulièrement d'une matière qui touche à leurs intérêts les plus directs, qui est l'objet de leurs préoccupations incessantes, car sans fumier il n'y a pas de bonnes terres, et avec du fumier il n'y en a pas de mauvaises. C'est le fumier qui donne le pain; si nous le négligeons, la terre devient improductive ; si nous travaillons à le conserver, à l'augmenter, à l'améliorer, l'abondance est le fruit de nos labeurs.

On a vainement essayé de se passer de fumier. Au commencement du XVIIIe siècle, un célèbre agronome anglais, Jethro Tull, prétendit cultiver sans fumer : il substitua la charrue aux fumiers , et , à la faveur de cultures en lignes suffisamment espacées, il retournait la terre pendant le cours de la végétation, affirmant que ces façons multipliées équivalaient à une forte fumure.

Après lui, vers l'année 1817, un autre Anglais, le major Beatson, proposa de supprimer tout à la fois le fumier et le labour : il remplaçait les engrais par l'argile brûlée, et la charrue par un scarificateur qui remuait le sol, sarclait et binait en toute saison. L'expérience a fait justice de ces excentricités qui, cependant, ont trouvé des imitateurs en France. On a renoncé bientôt, fort heureusement pour notre agriculture, à ces théories aventureuses. Il en a été de même d'un autre système qui tendait à transformer en cendres tous les fumiers (*). Ces tentatives ont démontré que rien ne peut remplacer le fumier ; que les labours, les binages, les sarclages réitérés, l'épandage des cendres, excellentes opérations en elles-mêmes, seraient insuffisantes pour développer et pour soutenir la fertilité de la terre ; que le fumier est l'élément indispensable de sa fécondité ; que lui seul convient à tous les sols, à tous les climats, à toutes les cultures, et que pour bien récolter il faut bien fumer.

Pénétré de ces vérités incontestables sur lesquelles on ne saurait trop insister, parce qu'elles sont le fondement de la bonne agriculture, de celle qui fait la splendeur de l'État et la fortune du cultivateur, un paysan du centre de la France, c'est-à-dire de l'une des parties de notre pays où l'agriculture est le plus avancée, fait part de ses observations, recueillies dans de nombreux voyages, à un habitant de la région du Sud-Ouest, cultivateur comme lui, mais qui,

---

(*) Système proposé autrefois par M. Justus de Liebig, qui depuis l'a abandonné.

n'ayant jamais quitté ses foyers, ne connaît que les pratiques locales. Tous deux échangent leurs connaissances ; ils passent en revue les divers genres de litières, les moyens de préparer, d'aménager les fumiers, d'en accroître la production et la richesse, de suppléer à leur insuffisance par des composts où l'on utilise une foule de substances souvent négligées. Les procédés qu'ils conseillent ont la sanction de l'usage dans des circonstances déterminées ; ils sont expliqués en termes simples que comprendront sans peine les habitants des campagnes et même les élèves des écoles rurales, qui ne recevront jamais trop tôt les enseignements sur lesquels repose la prospérité de l'industrie agricole.

L'auteur a essayé, par des détails se rattachant au fond du sujet et sans affecter une forme scientifique, de rendre son livre intéressant, persuadé que si le lecteur, après avoir jeté les yeux sur la première page, éprouvait le désir de tourner le feuillet et se laissait entraîner, par l'enchaînement du récit, jusqu'à la dernière, ce serait le plus bel éloge de ces entretiens écrits sans prétention littéraire, dans le but de propager des connaissances indispensables à toutes les personnes qui veulent se livrer avec succès à la culture de la terre.

Il ne faudrait pas croire que ce petit livre, par cela même qu'il parle d'améliorations désirables dans les pays de landes et dans la région du sud-ouest de la France, serait moins utile aux cultivateurs des autres régions : autant vaudrait dire que les ouvrages traitant des moyens par lesquels l'agriculture du Nord s'est élevée au point où nous la voyons aujourd'hui, n'ont été faits que pour elle et n'ont profité qu'à elle : ce serait nier l'influence des bons conseils et surtout des bons exemples.

Les agriculteurs de toutes les contrées, aussi bien que

ceux du Béarn et de la région du Sud-Ouest, trouveront dans ces ENTRETIENS, d'un intérêt universel pour les campagnes, « l'art de faire de l'argent avec l'agriculture, car le fumier » est de l'argent. »

TH. SOULICE.

Pau, le 31 décembre 1867.

ENTRETIENS FAMILIERS

SUR

L'AGRICULTURE

INTRODUCTION

> Les ouvrages pratiques, et principalement ceux qui ont l'agriculture pour objet, n'ont pas tant à offrir des vérités nouvelles que des applications de vérités connues à des lieux et à des besoins déterminés.
>
> George CUVIER.

Ami lecteur, as-tu rencontré quelquefois sur ton passage un petit homme à cheveux gris, à l'œil vif, au pied léger, coiffé d'un feutre à larges bords, vêtu d'un paletot de couleur claire, dont les basques flottent au gré du vent et sous lequel apparaît un gilet bleu, orné de boutons jaunes, brillants comme de l'or et boutonnés jusqu'au menton, comme ceux d'un soldat allant à la parade ? Il porte habituellement sous le bras une boîte longue, peinte en vert, semblable à celles dont se servent les botanistes pour recueillir les plantes qui les intéressent. A sa démarche leste et assurée, on le prendrait pour un jeune homme ; mais, en approchant de lui, on reconnaît qu'il a dépassé l'âge mûr, tout en conservant la force et la santé.

Le printemps dernier, il passait souvent, de grand matin, devant ma porte : lorsque j'étais occupé à étendre ou à relever mes fumiers, il s'arrêtait, me regardait faire, puis il poursuivait son chemin en marmottant quelques paroles que je ne pouvais entendre, mais qui semblaient être une critique plutôt qu'une approbation de mon travail. Cette singularité me le fit remarquer ; je désirai savoir quel était cet étranger, ce qui l'amenait dans une localité peu fréquentée, si ce n'est le jour où le marché appelle à la ville les cultivateurs des environs : ma curiosité m'a porté bonheur, ainsi que tu le verras, ami lecteur, si tu veux bien prêter ton attention au récit qui va suivre.

PREMIER ENTRETIEN

DES FUMIERS EN GÉNÉRAL.

Il me fallait une occasion pour me mettre en rapport
ou du moins pour lier conversation avec mon étranger :
je la cherchais sans la trouver, et ma curiosité devenait
de plus en plus vive. La curiosité est un vilain défaut,
j'en conviens, mais *la fin justifie les moyens*, dit-on, et
je suis de cet avis, pourvu que la fin soit louab'e et les
moyens honnêtes. Notre promeneur m'intéressait ; il
me semblait que j'avais un peu le droit de savoir pourquoi il s'arrêtait devant ma porte et à quel usage étaient
destinées les plantes qu'il cueillait aux bords de mon
chemin ou de mes champs. Je sentais bien qu'il n'était
pas convenable de l'arrêter au passage pour le ques-
tionner : je rêvais à quelque expédient, lorsque je fus
admirablement servi par une circonstance fortuite
sur laquel e je n'avais certes pas compté. Tant il est
vrai que *le hasard*, disait notre maître d'école, *cette
cause aveugle et nécessaire qui ne prépare, qui n'ar-
range, qui ne choisit rien et qui n'a ni volonté ni
intelligence* (*), nous vient quelquefois en aide au
moment le plus imprévu. Un violent orage, accompagné
d'une pluie diluvienne, obligea mon inconnu à chercher
un abri. Ma porte était ouverte, selon l'usage assez
commun chez nous, et je le vis se réfugier sous le
hangar où je rentre mes instruments de culture.
L'occasion était trop belle pour la laisser échapper ; je

(*) Fénelon.

me portai vivement à sa rencontre : il était temps, car, à la vue d'un étranger s'introduisant sans façon dans notre intérieur, Pastou, mon fidèle chien de montagne, qui n'était pas dans la confidence de ma curiosité, faillit lui faire un mauvais parti. Je m'empressai de calmer ce bon serviteur, et j'invitai l'hôte, que le hasard m'envoyait d'une manière si inattendue, à entrer au logis. Il accepta après avoir jeté un coup d'œil sur le ciel qui, chargé de nuages épais et sombres, annonçait une tempête de quelque durée, ce dont je me réjouissais en moi-même, dans la pensée que notre conversation serait plus longue que je n'aurais osé l'espérer.

Au moment où nous quittions le hangar, une flaque d'eau, imprégnée du purin des étables, jaillit sous nos pieds, en couvrant nos pantalons d'énormes taches noirâtres : j'étais tout honteux de cette mésaventure, non pas pour moi, — mes vêtements sont tellement habitués à de pareils accidents que je n'y aurais pas pris garde, — mais il n'en était pas de même de mon hôte qui allait être forcé de rentrer en ville avec un pantalon et des guêtres souillés de boue. Heureusement, le feu n'était pas éteint : je donnai un siége à mon hôte près de la cheminée ; je m'assis en face de lui, et, tout en rapprochant les tisons qui cuisaient lentement la garbure (*), en l'absence de la maîtresse du logis, — « Monsieur, lui dis-je, voici un violent orage, et depuis que Jean Labisat (**), votre serviteur, habite la Castagnère (***) de père en fils, je ne crois pas en avoir jamais vu un pareil. »

Je te prie de remarquer, ami lecteur, avec quel à-propos je déclarai mon nom et celui de ma propriété, dans l'espoir de provoquer une réplique analogue. Car nous autres, gens de la campagne, c'est assez notre habi-

---

(*) Soupe à la graisse avec des choux, coupés en menus morceaux, et divers légumes, te s que haricots, fèves et pois.

(**) Abisat, en béarnais, signifie : homme bien avisé, de bon sens, qui écoute avec attention les conseils et choisit ceux dont il peut faire son profit.

(***) La Castagnère, lieu complanté en châtaigniers.

tude, quand nous rencontrons un inconnu avec lequel nous désirons causer, de lui dire : Je suis un tel, de tel endroit, et vous, Monsieur, êtes-vous de ce pays? Notre sacristain, qui fait le bel esprit parce qu'il a été garçon de classe au Collège, prétend qu'il est d'une haute inconvenance d'en user ainsi. Selon lui, on a l'air de dire aux gens : « Vous m'êtes suspect ; hâtez-vous de me rassurer en déclinant vos nom et qualités. » Je ne partage pas cet avis : je crois, au contraire, que c'est une marque de confiance et de loyauté. On met ainsi son hôte tout-à-fait à son aise en lui apprenant avec qui il se trouve.

Au surplus, ma question ne parut nullement blesser mon visiteur : — Je ne suis point Béarnais, dit-il ; ma demeure est à l'une des extrémités de la France, dans le département de la Loire-Inférieure, qui jouit d'un grand renom pour la fabrication et l'emploi des engrais, ainsi que pour la variété et la richesse de ses produits. Je suis venu ici à l'occasion du Concours régional, et j'ai profité de mon séjour pour me rendre compte de l'état de votre agriculture. En comparant vos procédés agricoles avec ceux que j'ai vu pratiquer dans les contrées où la culture est la plus florissante, particulièrement dans le Nord et dans le Centre, je me demande comment un pays, qui pourrait être si riche, a laissé tant à désirer aux yeux de ses juges !

— Comment, Monsieur, trouvez-vous donc que nous ne soyons pas riches réellement? Nous récoltons du maïs et du froment en quantité suffisante pour nos besoins ; nos troupeaux, dont la plus grande partie vit dans la montagne, nous coûtent peu et sont recherchés ; nos vins jouissent d'une réputation méritée, et ils la soutiennent, malgré les ravages persistants de l'oïdium ; notre climat est doux, à peine si nous connaissons les rigueurs de l'hiver.

— Tout cela est vrai, maître Labisat : si nous oublions les gelées tardives et la grêle qui vous font souvent des visites intempestives, votre beau pays est privilégié, je le reconnais ; mais, pour tirer parti de tous ces avantages, il ne faudrait pas négliger votre fumier qui est le nerf de l'agriculture. En avez-vous donc trop pour le laisser exposé aux intempéries des saisons, aux excès de la chaleur et de l'humidité ; pour souffrir que le purin, la partie la plus précieuse de vos engrais, l'essence de vos litières, soit noyé par les eaux pluviales, absorbé, en pure perte, dans le sol de votre cour, ou entraîné sur la voie publique au risque de vicier l'air, de provoquer des maladies épidémiques qui atteignent vos familles, votre bétail ; de donner naissance, pendant l'été, à des millions d'insectes qui tourmentent les hommes et les animaux, s'attachent à vos aliments, à vos provisions de ménage et vous poursuivent jusque dans votre sommeil ?.....

Je fus étrangement surpris de cette sortie contre nos fumiers, dans laquelle il y avait peut-être quelque ressentiment à cause de la malencontreuse tache que vous savez ; car enfin, sans nier qu'il n'y ait un peu de vérité dans ces critiques, les choses se sont-elles jamais passées autrement depuis que la Castagnère existe ? Du plus loin qu'il me souvienne, mes grands-parents, de respectable mémoire, mon excellent père, qui était regardé comme un des meilleurs cultivateurs du pays ; mes oncles, mes frères aînés, mes voisins en ont toujours usé ainsi, et il n'est venu à l'esprit de personne qu'il fût possible d'agir autrement.

Mon interlocuteur s'aperçut de mon étonnement, et il reprit : — Mes observations, maître Labisat, ne s'adressent pas à vous plutôt qu'à vos voisins ; la même indifférence se remarque presque partout à l'endroit des fumiers et du purin. Tout l'engrais perdu de la sorte représente des millions qui pourraient servir à l'accroissement de nos subsistances ou de notre commerce. Pourtant l'on commence à comprendre que *l'engrais est de l'argent* et que *le secret pour bien récolter est de bien fumer.*

— Vous êtes donc un cultivateur, Monsieur, lui dis-je, pour savoir ces choses ? J'aurais cru que vous étiez un homme de la ville.

— Maître Labisat, reprit l'étranger, vous m'avez jugé sur mon habit, et vous connaissez assurément le proverbe : « *L'habit ne fait pas le moine.* » Dans ce pays, le cultivateur a sagement conservé le costume de ses aïeux, le béret et la blouse, la veste les jours de fête : chez moi, il porte le chapeau rond et la redingote. Rien, dans son extérieur, ne le distingue des gens de la ville, si ce n'est peut-être la coupe de ses vêtements ou la finesse de l'étoffe. Mon père était considéré comme un des p us habiles cultivateurs de notre département où l'agriculture est très avancée. Grâce aux exemples paternels et aux conseils du Président de notre Comice agricole, qui m'avait pris en amitié, je promettais de marcher dignement sur leurs traces, lorsque le sort m'enleva à nos champs et me fit soldat. J'en fus d'abord attristé, je l'avoue; mais *un an de chagrin*, comme le disait Jacques Bujault, cultivateur poitevin, *ne paie pas un liard de dettes.* Je pris mon parti en brave, et je ne tardai pas à reconnaître la justesse de cette maxime inscrite en gros caractères sur les murs de l'école de mon village : « *Notre condition est meilleure quand nous nous y soumettons de bonne grâce que quand nous nous révoltons inutilement contre elle* (*). »

Les commencements de la vie militaire m'ont été pénibles : il n'y avait plus de guerres à cette époque, heureusement pour l'humanité, et partant plus d'expéditions, à la faveur desquelles j'aurais pu, comme tant d'autres, faire mon chemin, devenir lieutenant, capitaine et que sais-je !..... La garnison me laissait trop de loisirs; l'oisiveté me pesait. Je n'ai jamais aimé le cabaret, *la première étape du chemin qui conduit à l'hôpital*, disait un ancien de chez nous. Je n'aime pas davantage à perdre mon temps, car *le temps est l'étoffe dont la vie est faite*, et l'étoffe que l'on n'emploie pas est rongée des vers. Ce qui me rongeait, moi, c'était l'ennui. Ma vie s'usait ainsi sans grande utilité, lorsque l'on vint demander au quartier des hommes de bonne volonté pour aider à la moisson. Cette circonstance réveilla mes souvenirs du village; je m'empressai de me présenter. Je fis ainsi connaissance avec de grands

____

(*) **Fontenelle.**

cultivateurs qui voulurent bien me redemander, car *le bon ouvrier est comme la bonne marchandise.* disait Jacques Bujault, *tout le monde en veut*, et j'ose dire que je n'étais pas alors un trop mauvais ouvrier.

Mon colonel, riche propriétaire dans notre département et ami de l'agriculture, consentit à favoriser mon goût, de sorte que j'obtenais des dispenses de service toutes les fois que je trouvais de l'occupation chez les cultivateurs, les pépiniéristes, les jardiniers, les maraîchers, etc. Lorsque je reçus mon congé définitif, il eut la bonté de me placer auprès de son régisseur, homme fort entendu, qui a remporté plusieurs prix dans les concours, et qui commençait alors, dans les landes de la Bretagne, un défrichement considérable auquel j'ai travaillé. Plus tard, j'eus le bonheur d'accompagner ce régisseur dans un voyage en Angleterre, où il voulait étudier sur place des procédés et des instruments nouveaux que l'on vantait beaucoup.

Si les voyages forment la jeunesse, vous voyez, maître Labisat, que ce moyen d'instruction ne m'a pas manqué. Dans les contrées diverses où j'ai résidé, mon attention s'est arrêtée particulièrement sur ce qui se rapportait aux engrais et à l'amendement des terres. L'engrais est, en effet, le point de départ de toute entreprise agricole; sans lui, rien n'est possible. Si vous oubliez ce principe, vous êtes dans les rangs des agriculteurs comme le soldat qui ne part pas du pied gauche : il va tout de travers et il lui faut nécessairement changer d'allure ou sortir des rangs.

J'observais donc les pratiques que je voyais mettre en œuvre et je prenais note de leurs résultats, car nous autres, gens de la campagne, nous voulons des faits plutôt que des leçons. Toutefois, je n'ai pas négligé celles-ci : à Paris, à Bordeaux, à Caen, à Dijon, à Lille, à Nantes, à Rennes, à Rouen et ailleurs, tout en faisant mon tour de France, j'ai suivi les conférences publiques des professeurs les plus habiles dans la science agricole, MM. Boussingault, Baudrimont, Bobierre, Girardin, Malaguti, Isidore Pierre, George Ville, etc. J'ai eu la bonne fortune d'entendre Mathieu de Dombasle à Roville, Bella à la ferme-école de Grignon, Bodin à l'école d'agriculture de Rennes ; j'ai lu, dans mes loisirs de garnison, les excellents ouvrages de MM. de Gasparin, Gossin, Heuzé, Lecouteux, Rohart et de bien d'autres. Ces noms, maître Labisat, sont probablement prononcés devant vous pour la première fois : je vous les cite, non pas pour faire parade d'un savoir que je leur ai emprunté : c'est un hommage de ma reconnaissance pour tout ce que je dois aux leçons et aux écrits de ces savants maîtres. Ne faut-il pas rendre justice à qui de droit et contribuer, chacun dans la mesure de nos moyens, à populariser les noms des hommes qui consacrent leur vie à répandre la science agricole, si longtemps dédaignée ou méconnue ?

Je ne suis pas devenu savant, il paraît que je n'en avais pas l'étoffe, mais j'ai reconnu que le père Columelle, un ancien cultivateur romain, avait bien raison quand il écrivait, il y a plus de dix-huit cents ans : « *Que les affaires rurales pouvaient être conve-* » *nablement conduites par des hommes qui n'étaient ni* » *très instruits ni très ignorants.* » Il s'agit, en effet, d'avoir seulement du bon sens, car la vraie science n'est autre chose que le bon sens appliqué à l'observation et à l'intelligence des faits. Engraisser la terre, pour qu'elle ne s'épuise pas ; amender les sols incomplets, assainir les terres où l'humidité domine, arroser celles que la sécheresse frappe de stérilité, défricher les landes, faire succéder une culture améliorante à une culture épuisante, toute la science du cultivateur est là : celui qui la possède et qui la pratique est assuré de réussir, quelle que soit l'étendue de son domaine. L'art des assolements complète l'œuvre de la fumure et des amendements. Par une combinaison bien entendue de ces trois moyens : les engrais, les amendements et les assolements, on tire de la terre tout ce qu'elle peut rendre, sans l'épuiser : *car la terre ne vieillit pas,* disait un ancien : *plus on l'engraisse, plus elle produit.*

C'est ainsi que, tout en payant ma dette à mon pays, j'ai beaucoup vu et quelque peu retenu. Ne soyez donc pas surpris de m'entendre parler de choses que je suis censé ignorer aux yeux de ceux qui me jugent sur mon habit. Sous ce costume de citadin ou de *monsieur*, comme vous dites, maître Labisat, il y a un paysan, un vrai paysan, cultivant son bien le mieux qu'il peut, avec sa femme et ses enfants. Si le village du Plessy n'était pas si loin d'ici, je vous engagerais à venir aux Varennes : c'est le nom de mon petit domaine ; je me ferais un plaisir de vous montrer le parti que j'ai tiré d'un modeste héritage par des moyens à la portée de tout le monde, et à l'aide desquels j'ai doublé mon fumier, sans doubler mon bétail.

— Doubler son fumier sans doubler son bétail ! Je ne serais pas fâché de connaître ce secret ; je vous avoue, Monsieur, que cela ne me paraît pas possible.

— Je ne demande pas mieux que de vous l'apprendre, maître Labisat, puisque vous l'ignorez.

M'accorderez-vous que le fumier se réduit considérablement dans l'intervalle qui s'écoule entre sa production et son épandage ? Des calculs, suivis avec persévérance, ont démontré que cette réduction est égale à la moitié et qu'elle est uniquement le fait de notre négligence.

Si donc, par des soins plus attentifs, nous parvenons à la prévenir, à conserver au fumier tous ses principes fertilisants, n'est-ce pas, en définitive, obtenir plus de fumier d'un même nombre d'animaux, d'une même quantité de litières ? J'espère vous faire comprendre que *conserver c'est produire*, mais ce sera pour un autre jour ; l'orage est passé, et je vais en profiter pour retourner à mon logis. Il ajouta, en me tendant la main :
— Vous m'avez dit votre nom, maître Labisat, il est juste que vous sachiez le mien : on m'appelle le père Pratique des Varennes. Je vous remercie de votre hospitalité et de l'attention que vous avez prêtée à mes racontages. Au revoir ; nous reprendrons la suite de cette conversation au premier beau jour, si le sujet vous intéresse ; mais, par précaution, je mettrai des vêtements moins salissants, dit-il, en me montrant les taches dont la trace était visible sur son pantalon et sur ses guêtres blanches.

Pour sortir de chez moi à pied sec, je fus obligé de

poser une planche sur le seuil de ma porte, car les litières étaient tellement détrempées que les eaux pluviales, mêlées au jus du fumier, s'écoulaient de tous les côtés jusque sur le chemin et dans les fossés qui le bordent.

— Tenez, maître Labisat, dit le père Pratique en se retournant vers moi : *Le fumier, c'est de l'argent*, vous le savez; eh bien! voici vos écus qui roulent sur la voie publique.

Ces paroles me donnèrent à réfléchir.

DEUXIÈME ENTRETIEN

DES LITIÈRES.

Litières composées de substances végétales.

Par une belle matinée de la semaine suivante, le père Pratique vint me trouver dans mon jardin. — Ah! me dit-il du plus loin qu'il m'aperçut, vous avez relevé les litières sur une partie de votre cour; vous avez réglé le sol pour prévenir la perte du purin; le passage est libre, la place est nette devant votre maison et sous vos fenêtres. Vous ne tarderez pas, maître Labisat, à vous applaudir de ce changement : votre maison a déjà un air de propreté qui doit vous plaire. Mais ce n'est pas tout d'avoir retiré vos litières, d'avoir retenu le jus du fumier qui se perdait sur la voie publique; voulez-vous que nous examinions ensemble si vous avez pris les précautions nécessaires pour en tirer le meilleur parti?

Avant d'aller plus loin, répondez-moi franchement, maître Labisat, avez-vous assez de fumier pour vos cultures? Si vos procédés actuels vous en rendent suffisamment, j'ai peu de chose à vous dire ; si vous en souhaitez davantage, j'espère vous donner quelques bonnes idées dont vous pourrez faire votre profit.

— Puisque vous m'interrogez, Monsieur.....

— Halte-là! maître Labisat; vous oubliez que je ne suis pas un *monsieur* et que je suis tout uniment *le père Pratique* pour vous servir, si j'en suis capable.

— Eh bien! père Pratique, je vous avouerai que, sans manquer précisément du nécessaire, un peu d'abondance ne me nuirait pas.

— Vous n'êtes pas seul dans ce cas, maître Labisat. En cela, il n'y aura jamais de superflu; presque partout en France on désire plus de fumier sans chercher les moyens de l'augmenter. Dans le Nord et dans le Centre, on y supplée par des engrais industriels, auxiliaires très utiles assurément; mais ils ne remplacent pas le fumier d'étable, qui est à la terre ce que les aliments sont au corps humain. Il ne suffit pas même que le fumier soit abondant : il faut encore qu'il conserve, jusqu'au moment où on l'emploie, toute sa force, toutes ses propriétés fécondantes. N'oublions pas qu'à moins de laisser nos terres en friche, nous n'avons à choisir qu'entre ces deux partis : le *produire* ou l'*acheter*. Le produire est un art qui réclame l'usage de nos bras et l'application de notre intelligence; l'acheter n'est pas toujours facile, car il faut consulter notre bourse, et j'ai ouï dire qu'ici, aussi bien qu'ailleurs, elle est souvent sourde à notre appel. Adressons-nous donc à nos bras et à notre intelligence : ceux-là ne nous demandent que notre temps, et le temps est une monnaie dont ne manque jamais celui qui sait en régler l'emploi. Jacques Bujault nous disait un jour : « Ce n'est pas le » tout de semer; pour récolter, il faut fumer. La terre » bien fumée enrichit le cultivateur, et celle qui l'est » mal ruine son laboureur. Tel est le fumier, tel est le » grenier. La terre n'est point avare; elle rend ce qu'on » lui prête et au delà : à qui ne prête rien, elle ne rend » rien. Tu auras promptement du fumier, de l'argent et » du blé, et tu seras bientôt hors d'affaire si tu es éco- » nome et laborieux. Le travail chasse la misère; » l'économie l'empêche de revenir. » Si ces vérités servaient de règle à notre conduite, il n'y aurait guère d'indigents que parmi les infirmes ou les paresseux.

Nous commencerons, si vous voulez, par le fumier d'étable : c'est celui qui est le plus connu.

— En effet, père Pratique, nous le connaissons si bien que nous l'appelons : *la claou dou pan* (la clé du pain).

— L'expression, maitre Labisat, est heureuse et vraie : je vois que nous n'aurons pas de peine à nous entendre, puisque nous sommes d'accord sur le fond de la question.

Les substances dont on forme le lit des animaux et que, pour ce motif, on appelle *litières,* se transforment en fumier par l'effet de leur mélange, de leur macération avec les déjections liquides et les excréments solides du bétail. Les litières sont, en général, composées de pailles ou de substances végétales qui, lorsqu'elles sont arrivées à un degré suffisant de décomposition, constituent ce que l'on nomme le *umier normal.*

Ajonc épineux.

Au nombre des substances végétales qui disputent à la paille le privilége de fournir la litière au bétail, il en est une tellement commune en France, particulièrement dans la région du Sud-Ouest, dans nos départements de l'Ouest, la Bretagne, la Vendée, le Bocage, le Poitou et dans tous les pays de landes, que je commencerai par elle : c'est d'ailleurs celle que vous connaissez le mieux.

L'*ajonc épineux,* que vous appelez *tuie* (*), couvrait autrefois la plus grande partie de la France et de l'Europe : il a disparu peu à peu des contrées populeuses, cédant la place aux cultures applicables plus directement aux besoins de l'homme; il a persisté dans les lieux où, par des causes diverses, l'accroissement de la population a été moins sensible. Pour ne parler, en ce moment, que de ce qui nous touche de plus près, d'im-

---

(*) L'ajonc épineux est connu aussi sous les noms de landier, de vigneau, de jonc marin et de lande en Bretagne, de brusque en Provence.

menses étendues de pays, compris entre les Pyrénées, l'Océan et la Garonne, ne présentent que cette triste végétation qui s'étend jusqu'aux portes de votre ville. Aussi, la litière des étables, des écuries, des bergeries se compose, à peu près exclusivement, d'ajoncs, et l'on pourrait nommer les rares exploitations où la tuie est remplacée par d'autres substances : j'en connais quelques-unes.

Dans la région du Sud-Ouest (*), je le sais, maître Labisat, chaque domaine possède une lande plus ou moins considérable, ordinairement égale en étendue aux terres labourables; elle est abandonnée à la végétation de la tuie. On divise cette lande en trois coupes, et on l'exploite chaque année par tiers. Le produit, appelé *soutrage,* s'étend dans les étables, les écuries, les bergeries, les toits à porcs, dans les cours, sur les chemins et se convertit en un fumier qui convient surtout aux terres compactes.

Il y a longtemps que cet usage subsiste et il n'est pas près de changer, car vous vous disputez, à des prix quelquefois exagérés, les landes qui sont mises en vente de temps à autre; les rues de vos villages et de vos hameaux, les chemins de petite vicinalité, malgré les défenses des autorités et les recommandations des médecins, sont encombrés de tuies, de jambes de maïs, dont la décomposition est plus ou moins avancée, ce qui n'est bon ni pour le chemin ni pour la salubrité publique. Les plus prudents d'entre vous, ceux qui ne veulent pas courir la chance des procès-verbaux et des amendes, se contentent d'étaler une couche épaisse des mêmes substances dans leurs cours et jusque sous les fenêtres de leur demeure, — ce que vous faisiez encore il y a quelques jours, maître Labisat, — au détriment de leur santé et au risque d'accumuler devant leur logis

(*) La région du Sud-Ouest comprend les départements de l'Ariége, du Tarn, de Tarn-et-Garonne, de la Haute-Garonne, du Lot, de Lot-et-Garonne, des Hautes-Pyrénées, des Basses-Pyrénées, du Gers, des Landes, de la Gironde, de la Dordogne, de la Charente et de la Charente-Inférieure.

des matières combustibles qu'un accident, une mala-
dresse peut embraser, comme cela eut lieu en 1859, à
Barzun, où, dans l'espace de quelques heures, quarante
maisons avec leurs granges furent réduites en cendres,
laissant vingt-deux familles sans asile, sans vêtements
et sans aliments : car telle avait été la rapidité de l'incendie que l'on n'avait rien pu sauver.

De pareils désastres, dont on n'a que trop d'exemples,
sont de sévères avertissements. Pourquoi donc conserver un usage qui vous menace de si funestes conséquences? N'oublions jamais qu'*il ne faut laisser au
hasard rien de ce que la prévoyance humaine peut lui
enlever*. S'il convient que la tuie, les résidus du maïs,
les fougères et les bruyères soient brisés, stratifiés par
le passage quotidien des bestiaux et des attelages, par
le piétinement réitéré des gens de la maison, cet avantage n'est pas tel qu'il faille l'acheter au prix d'inquié-
tudes continuelles et d'éventualités terribles. Il est
facile d'arriver au même résultat, soit en brisant la tuie
par des moyens mécaniques, soit en activant sa décomposition à l'aide de la chaux.

Broiement de l'ajonc.

Les constructeurs de machines agricoles fabriquent
des appareils avec lesquels la tuie est hachée, broyée et
transformée en une espèce de mousse très douce au
toucher. En cet état, elle sert à la nourriture des bestiaux et même des chevaux dans la saison où l'on
manque de fourrages verts. Ces derniers se montrent
friands surtout des sommités de la plante, c'est-à-dire
de la partie la plus tendre, et l'on prétend que les chevaux affectés de la pousse, qui sont mis à ce régime,
guérissent complétement. — Je dois vous dire, maître
Labisat, que je n'en ai pas fait l'épreuve. — Ces machines sont certainement d'un prix trop élevé pour les
petits cultivateurs : un simple hache-paille, d'une
construction solide, qui servirait aussi à d'autres
usages, et un broyeur mécanique du prix de 100 à
200 francs, selon sa force, suffiraient pour une préparation grossière de la tuie destinée aux litières. Ce ne

serait pas une opération pénible, surtout si on prenait l'habitude de la couper tous les deux ans, au lieu d'attendre la troisième et même la quatrième année : la plante serait moins ligneuse, moins dure; elle se romprait aisément; elle se pénétrerait plus complétement des parties liquides des excréments; enfin, sa décomposition serait plus rapide et plus uniforme.

Dans le département du Finistère, on applique avec succès au broiement de l'ajonc la machine à battre les grains. Toutes les machines de ce genre ne conviennent pas cependant pour cette opération : celle dont on voudra se servir pour broyer la tuie devra être solidement établie, et il ne faudra lui livrer que des ajoncs de deux ans.

Dans le département d'Ille-et-Vilaine, voici comment on s'y prend pour broyer l'ajonc : on l'étend sur un plancher formé de grosses souches d'arbres équarries, assemblées debout et maintenues par des madriers formant un rebord de 12 centimètres de hauteur ; on le coupe par tronçons avec une hache, puis on l'écrase à l'aide d'un marteau de bois qui pèse de 3 à 4 kilogr.

J'ai trouvé une autre méthode dans le département de l'Indre. On coupe l'ajonc tous les ans, soit pendant l'été, au mois de juin, soit pendant l'hiver. Celui qui a été coupé en pleine végétation sert pour les litières, ou bien on le met en tas et on le fait fermenter en l'arrosant avec du jus de fumier. Au bout de cinq à six mois, on l'emploie comme engrais. Celui qui se récolte en hiver est donné en nourriture aux bestiaux, après avoir été broyé à l'aide d'un pilon ferré. Ce travail se fait pendant les longues veillées d'hiver, époque à laquelle les garçons de ferme n'auraient pas des occupations suffisantes pour remplir la soirée.

Dans quelques comtés de l'Angleterre, ainsi que dans la partie montagneuse de l'Écosse, on est dans l'usage, depuis plus d'un siècle, de nourrir les chevaux avec l'ajonc épineux ; les bestiaux le mangent aussi avec appétit lorsqu'il est bien broyé : sans cela, ils le refusent.

La tuie, vous le savez par votre propre expérience, maître Labisat, forme une excellente litière : elle offre aux animaux un coucher moëlleux, élastique, d'une chaleur modérée ; les liquides s'infiltrent facilement à travers ses brindilles et descendent jusqu'aux couches inférieures qu'ils amollissent et qu'ils pénètrent. Si l'on a soin d'étendre journellement, sur toute la surface, les déjections solides des animaux et de les recouvrir avec de la litière fraîche, la décomposition de la fibre ligneuse se fait régulièrement, surtout lorsque la plante a été récoltée avant d'être complétement desséchée sur pied. L'humus que produit la décomposition de la tuie est très favorable au maïs ; il serait excellent pour la vigne.

Quant aux jambes du maïs, qui se décomposent très lentement, elles sont de peu de profit en litière : il y aurait plus d'avantage à les réserver pour le foyer, où elles augmenteraient le dépôt des cendres que laissent les râpes du maïs et les autres combustibles. Le tout ensemble servirait à l'amélioration des fumiers ou à la confection des composts appropriés à des cultures spéciales.

Je reconnais qu'au sortir des étables, la tuie possède toutes les qualités d'un bon fumier : nous allons voir si elle les conserve.

Je vous ai souvent regardé l'étendre, la retourner, la relever, la mettre en tas dans votre cour, la charger, la transporter aux champs, la remettre en tas, puis enfin l'étaler et l'enfouir. Dans ces diverses opérations, j'ai remarqué, comme dans les pays où l'on se sert de litières pailleuses, bien des pertes de substances fertilisantes. Examinons vos procédés en détail.

Lorsque vous faites la récolte de l'ajonc, vous le rentrez dans vos greniers, sous les hangars ou des abris quelconques, et vous en étendez une certaine quantité, quelquefois jusqu'à la hauteur du genou, dans la cour, afin qu'elle soit foulée et brisée sous le poids des chars et par le passage journalier des animaux. Dès qu'elle s'est suffisamment affaissée par l'effet du foulement quotidien, vous la chargez d'une nouvelle couche, qui subit la même préparation et que vous surchargez jusqu'à ce que le tout devienne incommode pour la circulation. Je vous ai signalé les inconvénients de cet usage; je n'y reviendrai pas. Quant à la tuie que vous mettez en litière dans les étables, les écuries, les bergeries, les toits à porcs, elle y reste plus ou moins longtemps, selon la disposition des logements. Tantôt le sol est en contre-bas de 30 à 40 centimètres, et on ne relève la litière que lorsqu'elle devient embarrassante par son accumulation; tantôt le sol est de plain-pied. La litière, ajoutée chaque jour, exhausse les animaux, et, pour peu que l'on néglige de l'enlever, elle arrive à la hauteur des auges. Dans le premier cas, les parties liquides baignent constamment la litière; dans le second, elles s'écoulent en dehors sous la tuie qui est dans la cour, avec toutes les chances de perte lorsqu'il y a surabondance, comme nous l'avons vu pendant le dernier orage.

Au moment où on relève les litières, il y a des cultivateurs qui les étalent tout simplement sur les ajoncs étendus dans la cour et les recouvrent d'une couche d'ajoncs tirés des greniers. Le tas se grossit de couches alternatives de litières humides et d'ajoncs secs jusqu'à ce que l'on ait le temps de le transporter aux champs, où l'on en fait une meule mêlée de terre. D'autres portent le dépôt de la cour sur la forme aux fumiers qui est placée ordinairement derrière la grange où loge le bétail. Ils le mélangent avec les litières sortant des étables et laissent le tout se mûrir jusqu'au moment de fumer les terres. Un grand nombre, enfin, maintiennent la séparation des ajoncs stratifiés dans les cours et de ceux qui sortent des étables. Ils transportent les premiers sur les champs; ils en font des meules en y mêlant de la terre; puis ils disposent, à part, les litières sur une couche de terre de 60 à 80 centimètres de hauteur. Cette terre absorbe et retient le jus qui s'écoule des litières : c'est une bonne précaution, et le fumier y gagne, si on a soin de brasser le tout avant de l'employer.

J'aurais mauvaise grâce, maître Labisat, à critiquer vos procédés, sans vous déclarer tout d'abord que, partout à peu près en France, les substances végétales propres aux litières et aux fumiers, les pailles, les

chaumes, etc., sont gouvernées avec aussi peu de soin ,
j'ose le dire, que la tuie. On les répand dans les étables,
dans les cours, sur les chemins, absolument comme ici,
et j'ai trouvé , dans d'autres parties de la France , bien
des fermes où la cour , comme la vôtre, était encombrée
de fumiers plus ou moins consommés, et bien des étables
qui déversaient le purin sur la voie publique , absolument comme chez vous.

L'ajonc , ainsi que toute autre substance végétale ,
qui a été broyé et foulé par le passage des chars
et des bestiaux, est parfaitement disposé, j'en conviens,
à se pénétrer des sucs des litières dont on le charge :
les couches alternatives que vous formez ont pour effet
d'améliorer la masse et de provoquer la fermentation.
C'est une bonne opération : mais , sans insister sur les
dangers de l'amoncellement de ces matières devant vos
bâtiments , je vous ferai observer qu'en les enlevant
pour les transporter sur la forme au fumier, vous courez
le risque d'interrompre mal à propos la fermentation
qui commence à s'établir. D'un autre côté, vous donnez
trop de surface à votre forme : il en résulte que la tuie,
ou la paille, dans les mêmes conditions, alternativement
lavée par les eaux pluviales qu'elle reçoit directement
et plus encore par celles que lui envoient les toits des
bâtiments, desséchée par les vents, brûlée par le soleil,
perd une grande partie des sucs fécondants qu'elle
renfermait au sortir de l'étable : c'est un fait démontré
par la médiocrité de vos récoltes. Si vous preniez
certaines précautions que je vous indiquerai pour conserver à vos litières la valeur qu'elles ont à l'étable ; si
vous en augmentiez la masse par des moyens faciles et
peu dispendieux dont je vous parlerai ; si vous donniez
plus de soins à la manipulation de vos fumiers, à leur
épandage sur le sol, à leur enfouissement , vous en
seriez amplement dédommagé par des récoltes plus
abondantes, par des produits plus variés.

J'ajouterai que l'usage de faire deux fumiers distincts,
l'un d'été et l'autre d'hiver, ne me semble pas être à
l'abri de la critique. Le fumier d'hiver se prépare avec
la tuie fauchée en septembre ; on attend même , pour

la couper, que la pluie l'ait attendrie , car, lorsqu'elle est sèche, la faux glisse sur elle sans la séparer de la tige. Employée humide et verte, cette tuie ne se pénètre de purin ni à l'étable ni sur la meule du fumier ; elle ne se décompose pas, et souvent on la retrouve intacte sur le sol après le labour de préparation pour le froment. Je crois qu'il vaudrait mieux ne faire qu'un fumier et n'employer pour litière que de la tuie desséchée. La paille ou les chaumes n'ont pas les inconvénients que je viens de vous signaler, puisqu'ils sont toujours secs lorsqu'on les emploie ; ils remplaceraient avantageusement, je pense, l'ajonc épineux , et vos landes, si elles étaient défrichées, vous seraient d'un meilleur rapport.

Défrichement des landes.

— Oui-dà , père Pratique , détruire nos touyas ! Permettez-moi de vous dire qu'à cet égard vous paraissez partager les préventions irréfléchies des personnes qui voient ce pays pour la première fois. A les entendre , nous ne saurions trop nous hâter d'arracher nos ajoncs, de défricher nos landes. Elles ignorent que ces touyas, si misérables à leurs yeux, produisent annuellement un revenu de cinq pour cent du capital consacré à leur acquisition, et que la terre sur laquelle ils croissent , sans frais de culture, ne produirait qu'une paille maigre, complétement insuffisante pour fumer le sol sur lequel on l'aurait récoltée, car le maïs ne nous laisse rien ou presque rien pour cet usage. Et la dépense, père Pratique , la comptez-vous pour rien? 500 francs par hectare ! — car il ne faut pas moins pour défricher, — font un capital qui n'est pas commun chez nous, et si la grêle arrive nous sommes ruinés. Avouez que la perspective est bien faite pour nous retenir dans notre inaction. On nous appelle routiniers , parce que nous conservons nos touyas ; on dit que notre agriculture est arriérée, parce que la moitié, à peu près, de notre département est couvert de landes ; mais ne serions-nous pas fous, ou du moins bien imprudents, d'arracher nos tuies qui ne nous coûtent rien, lorsque nous voyons de grands propriétaires , ceux dont les cultures sont le plus en renom, acheter des tuies après avoir détruit les leurs. Ne valait-il pas mieux les conserver, puisqu'ils n'ont pas encore trouvé le moyen de s'en passer ? Que deviendraient-ils si tout le monde les imitait ?

Enfin, père Pratique, la propriété est tellement divisée ici qu'après avoir fait la part du maïs, du froment et de la prairie artificielle pour un assolement régulier sur 4 hectares en moyenne, nous ne récolterions pas assez de paille pour nos litières, et nous n'aurions pas de quoi faire nos fumiers, si nous ne réservions pas un lopin de touyas d'une étendue égale à notre labourable. Je suis d'avis de nous en tenir jusqu'à nouvel ordre à bien cultiver nos terres avant d'en défricher de nouvelles. C'est l'opinion des meilleurs cultivateurs béarnais, et je m'y tiens.

— Sans contester, maître Labisat, que le prix d'un défrichement ne soit considérable pour les petits propriétaires, qui sont en majorité dans votre département, je crois qu'il peut être singulièrement abaissé si on l'exécute, je ne dirai pas à moments perdus, — il n'y en a jamais dans notre état, — mais lorsque les autres travaux nous laissent un peu de répit, et surtout lorsqu'on opère soi-même, avec ses propres attelages.

Vous n'obtiendrez pas assurément, dès le début, des récoltes aussi luxuriantes que sur un sol travaillé, engraissé, amendé depuis plusieurs années ; mais les produits ne tarderont pas à s'améliorer : la paille grossira, elle s'allongera ; le grain s'arrondira, prendra du poids dans la proportion de la nourriture et des soins que vous aurez donnés à vos terres. En défrichant peu à peu, les litières ne vous feront pas défaut, et le résultat vous dédommagera amplement de vos travaux et de vos frais.

Quant à l'achat de tuies par les propriétaires qui ont défriché, cela prouve, non pas qu'elles leur soient indispensables, mais qu'ils ne négligent aucun moyen de multiplier leurs fumiers. Le jour où ils seraient obligés d'aller chercher l'ajonc au loin ou à grands frais, ils y renonceraient sans perte et ne chômeraient pas, comme on dit chez nous. Je vous expliquerai tout à l'heure comment ils le remplaceraient.

Landes de Gascogne.

La question du défrichement des landes est à l'étude depuis bien des années. Il y a environ trois siècles, Henri IV, dont le nom est resté populaire malgré tant de révolutions, avait compris les avantages de la mise en culture de ce vaste territoire. Il se proposait de creuser, à travers les landes de Gascogne, des canaux de navigation qui auraient enlevé les eaux stagnantes. Puis, pour défricher et peupler le pays, il y aurait attiré les Maures qui, chassés de l'Espagne par Philippe II, erraient dans les montagnes, au nombre de plus de 900,000, dit-on. La mort prématurée de notre bon Roi (*) fit tomber ces grands projets, et les landes furent oubliées jusqu'au jour où, deux siècles plus tard (**), l'ingénieur Brémontier montra le parti que l'on en pouvait tirer par la plantation des arbres résineux.

Napoléon Ier s'était également préoccupé de la solution du problème, car en visitant les landes de Gascogne, en 1808, il avait dit : « *Je veux, à la paix, faire des landes* « *un jardin pour ma vieille garde.* » C'était une généreuse pensée dont Napoléon III s'est emparé et dont il poursuit la réalisation, non pas au profit d'une partie de l'armée, mais pour le bien de la population landaise tout entière.

Les landes de Gascogne affligent 5 départements (***), et comprennent plus de 5,000,000 d'hectares ; les landes de Bordeaux occupent, à elles seules, plus de 300,000 hectares. L'Empereur en a acheté 8 à 9,000 hectares, près de Dax, et les a divisés en quatorze fermes. Les eaux stagnantes qui couvraient le sol pendant une

(*) En 1610. — (**) En 1787.

(***) Les landes de Gascogne s'étendent sur les cinq départements compris entre l'Océan, la Garonne et l'Adour ; ce sont : les départements de la Gironde, des Landes, de Lot-et-Garonne, du Gers et des Basses-Pyrénées. Leur superficie totale est de 5,882,172 hectares, dont un tiers au moins à l'état inculte. Le chiffre de la population intéressée au défrichement s'élève à 2,067,688 âmes, d'après le recensement officiel de 1867. La population disséminée sur les landes mêmes est évaluée à 300,000 âmes environ.

grande partie de l'année s'écoulent aujourd'hui dans les fossés dont les talus sont plantés de chênes, de châtaigniers, d'acacias et de platanes, tirés de pépinières créées sur le domaine même et qui peuvent fournir plus de cinq cent mille sujets ; des routes carrossables conduisent du chemin de fer à ces fermes et établissent entre elles des communications faciles ; les routes sont bordées de fossés servant à l'écoulement général des eaux. La transformation des landes s'opère graduellement, mais d'une manière continue : les céréales ont remplacé l'ajonc, les arbres fruitiers trouvent un sol qui leur convient, la vigne elle-même y réussit ; enfin, le jardin qu'avait conçu Napoléon Ier n'est plus à l'état de projet, il s'exécute et s'agrandit de jour en jour.

Landes de Bretagne.

S. A. la princesse Bachiocchi, cousine de l'Empereur, a poursuivi une œuvre aussi philanthropique dans les landes de la Bretagne (*). La création d'un magnifique domaine sur des terres livrées à la bruyère et à l'ajonc depuis des siècles, et qui paraissaient condamnées à une stérilité perpétuelle, donne un éclatant démenti au vieux proverbe breton qui dit : « *Lande tu as été, lande tu es, lande tu seras.* » Pour cette fois, *la sagesse des nations* est en défaut (**).

De tels exemples portent avec eux leurs enseignements : c'est à eux que la Gascogne, la Bretagne, ainsi que la Sologne, dont j'aurai l'occasion de vous parler, doivent l'introduction des machines qui facilitent le travail de l'homme ou qui le suppléent ; le choix des cultures les plus avantageuses, celui des engrais et des amendements le mieux appropriés aux exigences de ces terres si longtemps improductives. Les travaux opérés par

---

(*) Les landes de Bretagne ont une superficie de 62,000 hectares ; elles s'étendent, comme les landes de Gascogne, sur cinq départements baignés par l'Océan, ce sont : le Finistère, le Morbihan, la Loire-Inférieure, les Côtes-du-Nord et l'Ille-et-Vilaine.

(**) Le domaine de Korn-er-Houët, créé par S. A. la princesse Bachiocchi, est situé dans la commune de Colpo (Morbihan).

l'Empereur dans les Landes et dans la Sologne sont, j'ose le dire, un des actes les plus utiles de son règne, un de ceux qui lui assurent la reconnaissance des populations agricoles de la France entière.

Landes du Pont-Long.

Attaquée sur tous les points où elle végète encore, en Bretagne, en Gascogne et jusqu'à votre porte, maître Labisat, car vous n'ignorez pas qu'une Compagnie puissante a entrepris le défrichement du Pont-Long (*), la lande succombera infailliblement et la tuie disparaîtra pour toujours : il n'est donc pas trop tôt pour apprendre à vos enfants comment ils pourront s'en passer. Je n'entends pas vous conseiller d'arracher étourdiment vos ajoncs : les défrichements doivent s'effectuer avec prudence et lorsque l'on s'est assuré les moyens de fumer largement ; car 1 hectare bien fumé rapporte plus que 2 hectares mal fumés. Mathieu de Dombasle, Bella, Gasparin, Schwertz, Thaër, illustres praticiens, sont de l'avis de vos cultivateurs béarnais : *Il ne faut défricher que ce que l'on est en mesure de fumer. Ce n'est point ce que l'on sème qui rapporte, c'est ce que l'on fume.* Je ne suis pas de ceux qui, sans avoir égard aux différences de température et de sol, voudraient trouver ici les cultures du nord et du centre de la France. Cela viendra peut-être un jour, du moins pour certaines cultures ; il suffira de quelques exemples couronnés de succès. Déjà l'on voit près de la ville des luzernes d'une belle venue : elle ne réussit pas en tous lieux, sans doute ; mais l'a-t-on essayée partout où le sol ne lui serait pas contraire et n'a-t-on rien négligé pour la réussite de l'expérience ? A défaut de luzerne, les prairies artificielles ne pourraient-elles pas être plus communes là où manquent les prairies naturelles ? Car

---

(*) Le Pont-Long est une vaste lande de 45 à 50 kilomètres de long sur 4 à 5 kilomètres de large, située à 4 kilomètres environ de la ville de Pau, et formant l'extrémité sud-ouest des landes de Gascogne. Il est traversé dans sa largeur par la route de Bordeaux : la *Compagnie d'Irrigation* en a entrepris le défrichement et la culture.

c'est le fourrage qui fait le fumier, vous le savez aussi bien que moi.

Je n'ai pas la prétention , croyez-le , de vous engager à des réformes ou à des innovations dont l'initiative , ici comme ailleurs , appartient à un petit nombre de grands propriétaires qui consacrent leurs loisirs et leur fortune à l'amélioration de nos pratiques agricoles. Laissant de côté la question controversable du défrichement de vos landes, j'accepte votre système cultural tel que vous l'ont légué vos pères : maïs , froment , vignes et prairies ; je m'estimerais heureux si mes conseils, qui s'appliquent à ces cultures aussi bien qu'à toutes les autres , à tous les sols et à tous les climats , puisque le fumier est d'une nécessité universelle, avaient pour effet d'accroître vos récoltes par l'augmentation de vos fumiers ; le reste viendra plus tard , en son temps , car en toutes choses le progrès est lent. En attendant . ne perdez pas de vue que , pour obtenir le maximum des récoltes, il ne faut pas ménager le fumier : « *A petit fumier, petit grenier,* dit le proverbe.

Je ne quitterai pas ce sujet cependant sans vous faire remarquer que la tuie a disparu des contrées le mieux cultivées : l'agriculture s'en félicite , et le bétail ne s'en trouve pas plus mal. L'ajonc a généralement cédé la place à la paille.

Litières diverses.

A défaut de paille ou en cas d'insuffisance, ce qui arriverait infailliblement chez vous , m'avez-vous dit . si vous supprimiez vos touyas, on emploie les fougères, les bruyères, les genêts, les roseaux, les buis, les feuilles tombées à l'automne, les mousses, les gazons, les fanes de colza, celles de pommes de terre, la sciure de bois , la tourbe et les terres tourbeuses , le tan ou la tannée . la marne, la chaux , la terre elle-même, principalement la terre de marais et la terre de bruyère, le terreau des jardiniers, enfin le sable : toutes les substances, en un mot, qui ont des propriétés absorbantes peuvent avantageusement servir de litières , soit seules , soit en mélange avec les pailles. C'est ainsi que l'exploitation de Huppemeau, département de Loir-et-Cher, qui a mérité la grande prime d'honneur au Concours régional de 1858, obtient des quantités énormes de fumier en mêlant à la paille des litières tout ce que l'on peut se procurer d'ajoncs, de bruyères et de mauvaises herbes.

L'emploi des *roseaux* à l'état frais ou secs est très commun dans le voisinage des étangs, en Provence, et surtout aux environs d'Arles.

Dans la Bavière rhénane, le *genêt*, plante très riche en potasse, est fort recherché. On le mé.ange avec la paille : l'un et l'autre se convertissent en excellent fumier. En Bretagne, on l'estime par dessus tout : on le coupe en vert et on l'étend sur les chemins fréquentés par les animaux de la ferme.

Dans la Flandre, dans les colonies agricoles de la Hollande et de la Belgique, on se sert avec succès de *gazons* levés sur les terrains vagues et sur la partie des champs que les cultures abandonnent.

Lorsqu'on a le choix, on donne la préférence aux substances végétales, parce qu'elles ont sur les autres des avantages incontestables : elles assurent la propreté du bétail, elles possèdent en elles-mêmes des éléments de fertilisation ; enfin, elles divisent le sol et permettent à l'air de pénétrer toute la couche arable. On ne se sert de la terre et du sable qu'à défaut de végétaux et lorsque les frais de transport ne doivent pas dépasser la valeur du fumier. La marne est ordinairement réservée pour les cas où il s'agit de donner au sol tout à la fois un amendement et un engrais : il en est de même de la chaux.

Au sortir des étables, les litières végétales, imprégnées des déjections des animaux, constituent un engrais animal et végétal qui fournit aux plantes les sucs nourriciers nécessaires à leur développement, et à la terre une dose d'humus ou de terreau qui contribue à sa fécondité en lui rendant les éléments que de précédentes récoltes lui ont enlevés.

Les plantes marines peuvent aussi servir de litières, mais seulement après qu'elles ont été desséchées. Si on les employait humides, elles n'absorberaient rien et elles auraient l'inconvénient d'être glissantes. Il est préférable de les réserver pour les composts.

Les bruyères, les fougères, les feuilles de chène et celles de noyer se décomposent lentement ; il convient de les faire entrer dans les composts que l'on doit laisser mûrir assez longtemps.

Les pailles.

De toutes les substances végétales propres aux litières, les pailles sont les plus précieuses : elles assainissent les étables, elles procurent au bétail un coucher doux, exempt d'humidité ; elles s'imprégnent facilement des liquides, elles les retiennent dans une multitude de tubes formés par leurs fragments et favorisent ainsi le transport du purin dans les champs.

— Dites-moi, je vous prie, père Pratique, si toutes les pailles sont également convenables ?

— Toutes les pailles sont bonnes, maître Labisat, mais non pas au même degré ; le choix n'est pas indifférent, comme vous allez le voir. On a constaté que les pailles d'orge sont les plus avantageuses, c'est-à-dire qu'à quantités égales, elles absorbent une plus grande masse de liquides ; celles d'avoine viennent ensuite, puis celles de froment, et enfin les pailles de colza. Les pailles de pois, de vesces, de fèves, de sarrasin sont utiles à raison de leur porosité et des sels qu'elles renferment, mais elles sont moins communes. Les pailles de colza et celles de navette sont rudes et se décomposent trop lentement pour être employées autrement que dans les composts. En Bretagne, on a la détestable habitude de brûler les fanes et les pailles de colza, les fanes de pommes de terre et les pailles de sarrasin. On ferait mieux de les appliquer aux litières ou aux composts. Quand vous brûlez 100 kilogrammes de paille, nous disait M. Malaguti (*) dans une de ses conférences, il vous reste environ 3 kilogrammes de cendres : si vous mettez cette même quantité de paille en litière,

(*) Professeur de chimie agricole à la Faculté des Sciences de Rennes.

vous obtiendrez 150 kilogrammes, au moins, de fumier frais, quantité suffisante pour un demi-are de terre sur lequel quelques poignées de cendres ne produiraient, à coup sûr, aucun effet appréciable.

Les autres substances absorbantes sont classées, en raison de leur utilité respective, dans l'ordre suivant : les feuilles tombées des arbres et particulièrement les feuilles des chênes, les ajoncs ou tuies, les fougères, les bruyères, les mousses, la tourbe, le tan ou la tannée, la terre végétale séchée à l'air, la marne et le sable.

Pour remplacer 100 kilogrammes de paille de froment, quantité que l'on fournit ordinairement à la vache en vingt ou vingt-cinq jours, selon qu'elle est soumise au régime vert ou au régime mixte de foin et de racines, il faudrait, selon M. Boussingault (*) :

77	kilogrammes	de paille d'orge.
96	—	de paille d'avoine.
110	—	de paille de colza.
136	—	de feuilles de chêne.
220	—	de bruyères.
440	—	de terre végétale sèche.
550	—	de marne.
880	—	de sable.

100 kilogr. de paille pour vingt à vingt-cinq jours, c'est 4 à 5 kilogrammes pour vingt-quatre heures par animal. On a calculé, d'après la somme des déjections, pendant le même intervalle, que cette quantité de litière était suffisante pour absorber les urines, la partie la plus riche des excrétions du bétail, lorsqu'on ne les recueillait pas dans des fosses ou des réservoirs particuliers.

Vous comprenez, maître Labisat, que si l'animal est nourri exclusivement de fourrages verts, les parties liquides seront plus abondantes que les parties solides : il sera donc indispensable, dans ce cas, d'augmenter la dose de litière. Il ne faut pas cependant dépasser une certaine mesure, car ce qui fait la richesse du fumier ce

(*) Professeur de chimie agricole au Conservatoire des Arts-et-Métiers.

n'est pas la litière, ce sont les déjections dont elle est
pénétrée. L'absorption des liquides est complète, lorsqu'on a soin d'ajouter aux litières ordinaires des gazons,
des mousses, des herbes folles ou des détritus de tourbes.

La litière s'imbibe d'autant mieux qu'elle est plus
divisée : coupez donc ou broyez les pailles longues et
dures, afin que leur mélange avec les excréments
s'opère plus promptement et que leur répartition sur
le tas de fumier se fasse plus également. Ce procédé
était pratiqué chez les anciens : ils étaient dans l'usage
de broyer la paille entre deux pierres pour faciliter sa
décomposition et son mélange avec les déjections des
animaux. Des exploitations importantes ont pris l'habitude de rompre les pailles longues destinées aux litières :
cette opération n'est pas nécessaire pour les pailles qui
ont passé par les machines à battre : elles sont suffisamment brisées.

Les chaumes.

Dans l'ouest de la France, particulièrement dans le
département de Maine-et-Loire, la litière est composée
de *chaumes* qui ont été laissés sur pied au moment de
la récolte, et que l'on fauche à loisir. On emploie aussi
les bruyères, les genêts, les plantes marécageuses, les
ajoncs nains qui, mêlés à quelques herbes fines fauchées avec eux, se décomposent facilement. Les bruyères
y sont très recherchées lorsqu'elles ont été récoltées
vertes et encore jeunes.

Les bruyères, les genêts, les ajoncs, les buis.

En Bretagne, on emploie communément les *bruyères*,
les *ajoncs* et les *genêts*. Dans les montagnes de l'est,
du centre et du midi de la France, les *buis*, coupés par
ramilles, rendent les mêmes services. A Bouquet,
département du Gard, ainsi que dans quelques communes des départements de la Drôme, des Basses-Alpes
et de l'Ain, on ne connaît pas d'autre litière. Le buis est
un engrais végétal des plus riches lorsqu'il a été macéré
dans le jus du fumier. Il en est de même des mousses.

Les feuilles.

En Alsace, particulièrement dans le voisinage des forêts, on se sert des *feuilles* tombées des arbres. Lorsque la récolte des fourrages a été bonne, le cultivateur vend sa paille ; si la récolte a été faible, la paille sert à la nourriture des vaches pendant l'hiver. Quelques-uns vendent leurs pailles quand ils en trouvent un bon prix, et en réservent le produit pour l'achat d'engrais commerciaux qui les dédommagent de la diminution de leurs fumiers pailleux.

Les feuilles qui tombent des arbres enrichissent le sol forestier ; c'est le seul engrais qu'il reçoive : si on le lui enlève, la végétation naturelle est compromise. Aussi l'administration s'oppose à une opération qui serait ruineuse pour les forêts. Cette ressource est donc subordonnée à des règlements auxquels nous devons nous soumettre.

La récolte des feuilles dans les ravins, les vallées, les chemins creux où elles ont été poussées par les vents, le long des haies ou sur les bordures plantées d'arbres, ne rencontre pas les mêmes obstacles. Elle se fait à peu de frais, au fur et à mesure de leur chute, avant qu'elles soient complétement desséchées et au moment où les travaux des champs sont le moins pressants. Les femmes, les enfants, les vieillards peuvent se charger de cette besogne qui n'est pas pénible, et dont le résultat fournit à la masse des litières et des fumiers un supplément qui n'est pas à dédaigner.

— Quant aux feuilles, père Pratique, il m'est arrivé d'en employer quelquefois, et je leur ai trouvé un grand inconvénient ; elles se conservent dans le purin sans l'absorber sensiblement et, lorsqu'on relève une litière de ce genre, le jus du fumier demeure en grande partie sur le sol.

— Votre observation est juste, maître Labisat, aussi il est à propos d'employer les feuilles en mélange avec des litières d'un autre genre, avec la tuie, par exemple, que vous avez sous la main. Comme elles se décomposent lentement, elles ont besoin de séjourner longtemps sous les pieds des animaux ou sur les formes à fumier. On ne doit les employer qu'après leur fermentation, car c'est alors seulement qu'elles ont perdu un principe, auquel on donne le nom de *tannin* ou *acide tannique*, qui est contraire à la végétation. Lorsqu'elles ont fermenté, elles se réduisent en un terreau très utile pour les cultures potagères.

Les feuilles de peuplier, d'acacia, de saule se décomposent plus promptement que celles des chênes, des hêtres, des châtaigniers, des noyers, mais il en faut une plus grande quantité. Les feuilles des ormes servent à l'alimentation du bétail.

Les feuilles ou plutôt les aiguilles des arbres d'essence résineuse, tels que les pins, les sapins, les mélèzes, qui sont si nombreux dans les Landes, les Pyrénées, la Bretagne, le Maine et d'autres localités, peuvent aussi servir de litière : on en fait usage particulièrement en Provence. Leur décomposition est très lente par les procédés usuels : on l'active en les plongeant dans un bain de chaux ou en les arrosant avec du purin pendant qu'elles sont en meule. Réduites à l'état de terreau, ces feuilles sont plus fertilisantes que la paille.

Pour tenir une bête proprement sur une litière de ce genre, il faut au moins 12 à 14 kilogrammes de feuilles d'arbres, d'aiguilles de pins ou de sapins, soit 4,380 kilogrammes par an, qui peuvent donner 200 quintaux de fumier.

Les mousses.

Les mousses s'emploient dans les mêmes proportions : elles ont, sur les feuilles et sur les aiguilles de sapins, l'avantage d'absorber facilement les liquides et de se décomposer plus promptement sans qu'il soit nécessaire de recourir à des arrosements ou à la chaux.

La tourbe.

La tourbe, qui est une mousse d'eau, passe pour être une des meilleures litières et des plus économiques dans les contrées où l'on peut se la procurer à bas prix. Lorsqu'elle est bien sèche, elle a une grande puissance d'absorption : comme elle est fort légère, la manipulation et le transport se font avec facilité. La tourbe, qui forme la croûte superficielle des tourbières et qui a une faible valeur comme combustible, est excellente pour cet usage.

A l'état naturel et surtout au moment où elle vient d'être extraite, la tourbe contient un acide qui serait funeste aux cultures : elle le perd soit en se desséchant, soit par l'effet de sa fermentation avec les fumiers d'étable. Une partie de fumier suffit pour convertir en engrais trois ou quatre parties de tourbe : on peut hâter sa décomposition et la transformer en engrais pulvérulent en lui associant de la chaux vive ou de la marne.

Le comice agricole de l'arrondissement de Strasbourg et d'habiles cultivateurs ont reconnu que les poussiers et les cendres de tourbe, les terres tourbeuses imprégnées des eaux des étables, forment un excellent engrais ; ils en recommandent expressément l'emploi à tous ceux qui peuvent s'en procurer.

A la ferme de Puyzieux, près de Belley, département de l'Ain, j'ai vu des terres, appauvries depuis longtemps, se rétablir par l'emploi d'une masse considérable de tourbe ajoutée aux litières et aux fumiers. Là, les litières sortant des étables sont trempées dans un bain d'eau de chaux qui a servi à délayer les excréments solides des animaux ; puis elles sont étalées sur le dépôt du fumier, formé de pailles et de tourbe disposées par couches alternatives de 15 à 20 centimètres d'épaisseur.

Les populations agricoles des cantons de Pontacq et d'Oloron, principalement celles des communes d'Ojeu, de Buzy, de Buziet, etc., qui possèdent des tourbières d'une grande richesse et d'une exploitation facile, pourraient profiter de ces exemples pour utiliser régulièrement un véritable trésor dont elles ne paraissent pas apprécier la valeur.

Le tan ou la tannée.

Le tan ou la tannée, après leur épuisement pour la préparation des cuirs, peut rendre, dans les étables, les mêmes services que la tourbe. Cette substance, d'un prix modique, devient ainsi un engrais qui s'applique aussi bien aux terres arables qu'aux prairies naturelles ou artificielles.

Toutes les fois que l'on voudra employer la tourbe ou le tan en litières, il faudra d'abord les laisser sécher en plein air ; elles s'étaleront mieux sous les pieds des animaux, et elles absorberont plus facilement les liquides. Cette précaution est surtout nécessaire pour les bergeries, car une litière humide ne convient pas aux moutons.

Je vous ai démontré, par de nombreux exemples, que l'ajonc n'est pas indispensable pour la litière du bétail, mais je n'ai pas épuisé la nomenclature des substances qui peuvent le remplacer. Je compléterai cette énumération, si vous le voulez bien, dans notre prochain entretien, car la journée s'avance et j'ai hâte de rentrer en ville.

TROISIÈME ENTRETIEN

SUITE DES LITIÈRES.

Litières terreuses ou minérales.

Dans notre dernier entretien, après une énumération sommaire des substances pouvant servir de litières, je vous ai donné des détails étendus sur celles d'entre elles qui appartiennent à la classe des végétaux : comme ce sont les meilleures et les plus usuelles, j'ai dû commencer par elles. Pour compléter ce que j'ai à vous dire sur ce sujet, maître Labisat, il me reste à vous parler des litières auxquelles on donne la dénomination de litières terreuses ou de litières minérales : ce sont celles qui se composent de terre, de sable, de marne, ou de chaux.

— Il me semble, père Pratique, qu'une litière de ce genre doit se convertir en boue, et donner au bétail un extérieur de malpropreté peu flatteur pour le maître.

— Il en serait ainsi sans doute, maître Labisat, si on mettait trop peu de litière à la fois et si on ne la renouvelait pas souvent. Quelques précautions sont nécessaires, je vais vous les indiquer.

La terre.

En France, en Angleterre, en Allemagne, en Suisse, des exploitations considérables ont pour litière de la terre sèche. On étend cette terre dans les étables, les écuries et les bergeries ; on la recouvre une ou deux fois par jour d'une nouvelle couche afin que la masse ait constamment une certaine consistance. Trente à trente-cinq centimètres cubes de terre par jour et par animal sont suffisants pour former une pâte élastique qui ne s'attache pas au poil du bétail. Si l'on craint cependant que les animaux se salissent en se couchant sur une litière de ce genre, on la place derrière eux, afin qu'elle reçoive directement la plus grande partie des déjections, et on la recouvre de quelques brins de paille ou de toute autre substance végétale propre à faire de la litière. Des mottes de terre gazonnées, levées sur des terrains vagues, conviennent parfaitement pour cet usage : elles absorbent les parties humides et se convertissent en terreau d'un effet énergique.

A la colonie agricole de Mettray, près de Tours, on a adopté l'usage des litières terreuses : je vous expliquerai tout à l'heure comment on les prépare.

Le lauréat de la prime d'honneur du département du Pas-de-Calais, M. Decrombecque, mêle de la terre argileuse sèche à ses litières, et il attribue, en grande partie, ses succès agricoles à la supériorité des fumiers qu'il obtient par ce procédé. Chez lui, on récolte de 30 à 40 hectolitres de blé par hectare. Je ne crois pas que l'on puisse aller au delà.

Emploi de la terre en Béarn.

— Sans sortir du Béarn, père Pratique, je vais vous

citer un exemple des plus curieux de l'emploi de la terre en litière et des succès remarquables que l'on en obtient depuis vingt-cinq ans.

M. Escourra, capitaine au long cours, ayant fait acquisition à Haget-Aubin, canton d'Arthez, d'une métairie accompagnée de 17 hectares de touyas, y installa un métayer pour la cultiver selon les usages du pays, puis il partit pour les Antilles. Au retour, après une longue absence, il trouva son colon endetté et sa propriété dans un état déplorable. La situation était critique; pour en sortir, M. Escourra vendit ses touyas et fit rentrer ainsi 12,000 francs sur le prix de son acquisition. Mais où prendra-t-il sa litière? Pauvre de lui! disait-on; sa propriété est ruinée... et autres propos que vous pouvez deviner.

Les terres labourables consistaient en 8 hectares 36 ares : le sol était très accidenté et l'eau était retenue, dans les parties basses, par un sous-sol argileux. M. Escourra nivela le terrain et, pour sécher ses champs, il les divisa en carreaux de 15 à 18 ares, au moyen d'un drainage à ciel ouvert. Cette opération lui donna une masse considérable de terres qui furent rentrées dans la grange, par un temps sec, et rangées le long du mur pour servir de litière. Voici comment il procède : la grange est partagée, dans toute sa longueur, en deux parties : d'un côté est le bétail, de l'autre la terre. La partie occupée par les animaux est en contre-bas de 50 à 60 centimètres; le fond est argileux, de sorte qu'il n'y a pas de perte de purin. On étend la terre sous leurs pieds en quantité suffisante pour absorber l'humidité des déjections pendant vingt-quatre heures ; on étale à la superficie quelques brins de végétaux, tels que jambes de maïs, feuilles diverses, fougères, bruyères, herbes parasites, le tout ramassé avec soin dans les bois et sur les autres parties du domaine qui, par l'effet de ce nettoyage, est constamment dans un état de propreté peu commune. Cette litière est recouverte chaque jour d'une nouvelle couche de terre et de végétaux ; on la relève au bout d'un mois. Elle prend alors, dans la grange, la place que l'enlèvement de la terre sèche a laissée libre, et elle y reste, sans se dessécher, sans répandre aucune odeur incommode, jusqu'au moment de son emploi.

— Je comprends, maître Labisat, qu'au début M. Escourra se soit procuré une grande quantité de terre ; mais, les années suivantes, comment a-t-il fait ?

— En opérant des innovations aussi radicales dans les habitudes du pays, M. Escourra avait prévu la difficulté. Par l'effet des labours et des pluies, les drains se chargent, chaque année, d'une terre meuble, d'un limon, que l'on extrait et qui passe à son tour dans la grange. Les champs rendent ainsi une partie de ce qu'ils ont reçu : la différence en moins disparaît par l'adjonction des déjections animales. C'est ainsi que les drains, tout en assainissant le sol, fournissent annuellement la litière suffisante pour quatorze à seize bêtes à cornes.

— Et les résultats, s'il vous plaît, maître Labisat ?

— Vous avez raison, père Pratique, car c'est toujours là qu'il faut en venir. A la métairie d'Haget-Aubin, on ne fait que du maïs : les terres sont fumées, chaque année, par moitié, à raison de 240 mètres cubes de litière terreuse à l'hectare, et l'on récolte, tous les ans, sur la totalité, 25 hectolitres de maïs par hectare.

— Cela me paraît merveilleux, maître Labisat, car à la ferme impériale de Beyrie, dans les Landes, où l'on ne ménage pas la fumure, le rendement moyen est de 20 hectolitres à l'hectare. M. Escourra n'aurait donc jusqu'à ce jour qu'à se louer des résultats.

Dans l'exemple que vous venez de citer, il y a deux faits qui méritent une sérieuse attention, maître Labisat : la suppression de la tuie en litière et la culture constante du maïs, sans alternement avec le froment comme il est d'usage ici et sans jachères. Cette méthode hardie est contraire à tous les principes, et le succès ne donne point tort à la règle.

M. Escourra a-t-il démontré que, sur un sous-sol argileux ou marneux, la culture incessante du maïs est préférable à toute autre ? Le temps, qui est un grand maître, nous dira s'il a eu raison d'adopter ce système absolu : pour mon compte, je me garderais de l'imiter. Une plante qui sert à préparer la terre pour le blé, une plante dont le grain nourrit le cultivateur, engraisse le bétail et les oiseaux de basse-cour, dont les feuilles sont un excellent aliment pour les animaux, dont les résidus, tels que la râpe, chauffent le four ou le foyer, est un véritable trésor : c'est la poule aux œufs d'or, mais il ne faut pas l'égorger. Les sucs nécessaires pour la végétation de cette plante si précieuse s'épuisent à la longue, car pour croître et acquérir son développement complet, le maïs en consomme chaque année plus que le fumier n'en rend à la terre ; il finira donc, selon toute probabilité, par n'en plus trouver suffisamment après un temps plus ou moins long. Schwerz (*) nous parle d'un cultivateur qui, pendant trente-deux années consécutives, planta des pommes de terre dans le même champ, en fumant tous les ans : le produit diminua d'année en année, et les pommes de terre finirent par se réduire à la grosseur des noix. Telles sont ordinairement les conséquences, plus ou moins promptes, des cultures exclusives et incessantes. Je souhaite que la métairie d'Haget-Aubin n'ait pas à faire cette triste expérience.

Il est incontestable, maître Labisat, que la terre peut être employée en litière. Celle qui provient du curage des fossés, du nettoyage ou du redressement des chemins, est excellente pour cet usage : il en est de même de la vase ou du limon que l'on tire des étangs. Mais le transport entraine des frais qu'il est prudent de calculer avant de commencer la besogne, car si la valeur de l'engrais obtenu par ce moyen n'était pas supérieure à la dépense, il faudrait s'abstenir.

Lorsqu'on enlève la litière terreuse pour la mettre en tas, on doit avoir soin de mélanger les matières : on procède, d'ailleurs, comme pour la litière pailleuse, avec les précautions que je vous indiquerai lorsqu'il sera question du traitement des fumiers hors de l'étable. Toutefois, je dois vous dire, dès à présent, que ce fumier

____

(*) Directeur de l'Institution royale d'expériences et d'instruction agricole en Wurtemberg.

n'a pas besoin d'être foulé; il se tasse convenablement par son propre poids.

Le sable.

Dans certaines localités où on a le sable sous la main, on en compose la litière de tous les animaux. Une couche de 15 à 20 centimètres d'épaisseur est suffisante. Dans les bergeries, on la recouvre, chaque jour, d'un peu de paille pour préserver la laine de toute souillure qui la rendrait plus pesante et d'une vente moins facile. La paille peut, comme avec toute litière terreuse, se remplacer par d'autres substances végétales.

Le sable absorbe avec facilité les liquides; il assainit les étables en les rendant moins humides et livre au cultivateur, après deux ou trois mois de repos, un engrais parfait, surtout pour les prairies infestées de mousses et pour les terres argileuses. Il convient aussi aux céréales; on assure que c'est l'engrais qui produit, à la fois, le plus de paille et le plus de grain.

Aux environs de Dax, entre autres lieux à Habas, département des Landes, on m'a cité des exploitations où les terres sableuses et les limons tiennent lieu de litière.

— Vous avez été bien informé, père Pratique, et je puis compléter les renseignements qui vous ont été donnés.

Dans plusieurs communes de l'arrondissement d'Orthez, riveraines du Gave de Pau, à Puyòo, à Ramous, à Bellocq, à Lahontan et ailleurs, on fait, sur les bords du Gave, de grands trous qui se remplissent de vase ou de limon lorsque les eaux sortent de leur lit. On mêle ce limon aux litières du bétail, ou bien on l'emploie seul : il convient aux terres argileuses et aux sols calcaires. En mélange avec du fumier chaud, par couches alternatives, il compose un engrais très énergique. Une longue expérience a démontré que ce limon, sous quelque forme qu'on l'emploie, engraisse les terres par l'humus qu'il contient et les ameublit : aussi les cultivateurs de ces localités regrettent que le Gave ne vienne pas plus souvent remplir leurs vasières.

L'usage de cet engrais serait beaucoup plus répandu

dans les communes riveraines du Gave, si les vasières n'appartenaient pas en propre à des cultivateurs qui s'en réservent l'exploitation exclusive. La vasière de Ramous est la seule qui ne soit pas dans ce cas : elle fait partie du domaine de l'Etat, et depuis l'année 1862, les habitants de la commune sont autorisés à en extraire, sans rétribution, le limon pour fertiliser leurs terres. Lorsqu'il sort de l'étable, ce limon a l'aspect du meilleur terreau ; il convient aux terres labourables et aux prairies et serait certainement d'un bon effet sur la vigne.

— Nous pourrions multiplier les exemples, maître Labisat ; je terminerai par un dernier fait qui est encore à l'honneur de votre département.

Sous les inspirations d'une pieuse sollicitude, M. l'abbé Cestac a créé, à Anglet, près de Bayonne, sur des sables improductifs jusqu'alors, une colonie agricole où des femmes, momentanément égarées, se réhabilitent par la prière et par le travail des champs. Au début, tout manquait à Notre-Dame-du-Refuge : ni engrais, ni bestiaux, ni semences. La foi vive du fondateur de l'œuvre ne s'est point arrêtée à des obstacles que l'on était en droit de considérer comme insurmontables. Avec l'aide de la Providence, M. l'abbé Cestac a tiré de ce sol ingrat l'engrais sans lequel rien n'était possible. Les dunes lui fournissent la litière de ses étables, et le sable, imprégné des urines du bétail, mêlé aux fumiers des bœufs, des vaches, des porcs et des lapins, retourne sur ces mêmes dunes qu'il féconde. C'est là un des exemples les plus concluants en faveur de l'emploi du sable en litière, soit seul, soit avec l'adjonction de substances végétales.

— De pareils faits, père Pratique, ne dénotent-ils pas que notre contrée n'est plus aussi arriérée que se plaisent à le dire certaines personnes sur la foi de récits trop légèrement acceptés ?

— Sans doute, maître Labisat, les bons procédés agricoles, les pratiques intelligentes ne sont pas inconnues ici, mais on regrette que l'application n'en soit pas plus générale.

Sables marins.

Les sables marins ou vases de mer sont éminemment propres au même usage. Ainsi, dans le département de la Manche, au domaine de Canisy, qui a obtenu la grande prime d'honneur au concours régional de 1859, le sol des étables, des écuries et des bergeries est constamment couvert d'une couche épaisse de sables marins, connus sous le nom de *tangue*, de *trez* et de *merl*.

La tangue.

La tangue est une espèce de sable gris ou blanc jaunâtre que la mer dépose dans les baies, sur les côtes de la Bretagne et de la Basse-Normandie, principalement à l'embouchure des rivières. C'est un mélange de débris de coquilles réduites en parcelles plus ou moins fines par le roulement continu des flots sur les rochers. Il s'y trouve aussi des fragments des animaux qui ont vécu sous ces abris fragiles.

Aux environs de Coutances, à certaines époques de l'année, on voit la plage couverte de petites voitures longues et étroites, traînées par des chevaux et par des bœufs attelés ensemble ; elles chargent la tangue et la transportent quelquefois à de grandes distances. J'ai vu des cultivateurs qui ne craignaient pas de faire 40 kilomètres pour s'en approvisionner. Il se recueille annuellement, sur les côtes de Normandie et de Bretagne, plus de 10,000,000 de mètres cubes de tangue, que l'on emploie soit en litière, comme je viens de vous l'expliquer, soit en compost, soit en nature.

Le trez.

Il en est de même du *trez* ou *treaz*, sable marin qui a beaucoup d'analogie avec la tangue, mais dont le grain est plus fin.

Le merl.

Le *merl* est un sable dont la grosseur varie entre celle d'un grain d'orge et celle d'une noisette. Sa cou-

leur est grise lorsqu'il est sec ; elle est jaune et rougeâtre
à l'état humide. Chaque grain est formé par l'agglo-
mération d'un nombre infini de petites coquilles habitées
par de petits animaux, appelés *polypiers*, dont le corps
est gélatineux. Il forme des bancs sous-marins que l'on
exploite avec la drague, depuis le milieu du mois de mai
jusqu'au milieu d'octobre. On l'emploie aux mêmes
usages que la tangue et le trez, ou en mélange avec les
fumiers.

Les vases de mer ne sont jamais répandues fraîches
sur les terres ; on les laisse exposées à l'air et à la
pluie jusqu'à ce qu'elles aient perdu la surabondance
de sel marin dont elles sont pénétrées. On prétend que
la tangue détruit les insectes qui attaquent la racine
des plantes, telles que les choux, les colzas, etc. ; on
dit même qu'elle serait très favorable à la vigne, mais
ce sont des assertions qui auraient besoin de s'appuyer
sur des faits authentiques.

Vous trouverez peut-être, maître Labisat, que je me
suis étendu un peu longuement sur des substances que
vous ne connaissez pas et qui, par cela même, ont peu
d'intérêt pour vous : mais si je ne vous parlais que de
ce que vous savez, quel fruit retireriez-vous de nos
conversations ? Tôt ou tard, les exemples que je vais
chercher au loin porteront leurs fruits, je l'espère : ils
vous aideront à découvrir des ressources auxquelles
vous ne songez pas, et si l'on trouve un jour sur le
littoral de votre département des sables marins analogues à la tangue, au trez ou au merl, vous serez à
même de les reconnaître et d'en déterminer l'emploi.
Je ne serais pas surpris d'en rencontrer sur vos côtes,
particulièrement vers l'embouchure de l'Adour ou de la
Nivelle. Je me propose de faire, à ce sujet, des recherches dont je vous rendrai compte, s'il y a lieu.

La marne.

La marne est, aussi bien que la terre, une excellente
litière. A la colonie agricole de Mettray, on affecte l'une
et l'autre à cet usage. Le sol des étables est creusé de
80 centimètres sous les pieds des animaux : on y étend

un lit de marne ou de terre sèches de 15 à 20 centimètres d'épaisseur, destiné à absorber l'excédant des liquides qui suintent des couches supérieures de la litière ;
on recouvre ce lit de pailles, d'ajoncs ou de bruyères et,
à défaut, de genêts ou de feuilles, sur une hauteur de
4 centimètres. C'est sur ce fond, ainsi disposé, que l'on
établit la litière proprement dite des bestiaux, consis-
tant en couches alternatives de marne ou de terre, de
pailles, d'ajoncs ou de bruyères, ayant chacune 4 centimètres au plus d'épaisseur, et superposées toutes les
vingt-quatre heures : on peut ainsi élever la litière jusqu'à 1 mètre 50 cent. et plus de hauteur, sans aucun
inconvénient pour le bétail. On a reconnu que, par
l'effet du piétinement incessant des animaux, une litière
ainsi composée fermente modérément, qu'elle absorbe
et retient les gaz ammoniacaux, de sorte qu'il ne se
produit aucune odeur incommode. Il va, sans le dire,
que le sol de l'étable est étanche et que le purin y est
complétement retenu au profit de la marne ou de la
terre et de la litière. Les crèches sont mobiles et s'élè-
vent à mesure que la litière s'épaissit, de sorte que
les rations fourragères sont toujours à la portée des
animaux.

Cette méthode s'est répandue dans plusieurs exploitations du département et dans les départements voisins.
Ainsi, sur le domaine de la Charmoise, département de
Loir-et-Cher, on fait en grand l'application de la
marne à la litière : on vend la paille, ou on la fait con-
sommer par les animaux.

— Père Pratique, c'est une maigre nourriture que la
paille ; les bêtes sont malheureuses lorsqu'on les réduit
à cette alimentation.

— En effet, maître Labisat, la paille par elle-même
est peu nutritive ; aussi dans le nord et dans le centre
de la France, où il en est fait une grande consommation,
on ne la donne pas seule ni sans préparation. On la
divise en petits morceaux avec le hache-paille, puis on
la mêle à d'autres substances, telles que des betteraves,
des choux à vaches, des navets, des carottes, des topinambours, préalablement découpés en tranches minces

ou réduits à l'état de pulpe. Si l'on a soin de préparer ce mélange vingt-quatre heures à l'avance, dans un cuvier où l'on étend, par couches alternatives, la paille hachée et les morceaux découpés, il s'établit, dans le mélange, un commencement de fermentation qui rend ce genre de nourriture très profitable au bétail, même pour l'engraissement.

Enfin, un usage qui tend à se propager consiste à mettre le trèfle en meules au moment de la récolte, en le mêlant avec de la paille. Celle-ci prend, à la suite de cette simple préparation, un parfum qui plaît au bétail.

Sur le domaine de Bourriettes, commune de Brousses, près de Carcassonne, département de l'Aude, les terres marneuses sont également employées comme litières.

Je pourrais vous citer d'autres exemples, mais il me semble que ceux-là sont suffisants pour vous démontrer que les litières marneuses ont leur utilité. Il est vrai que l'emploi de la marne, sans adjonction de paille ou de quelque autre substance végétale, exige des soins que vous trouverez peut-être minutieux. Pour que le bétail soit proprement sur une litière de ce genre, il faut, plusieurs fois dans la journée, retirer en arrière des animaux la partie de marne qui a reçu les excréments et la transporter tous les jours, au moins, sur le tas de fumier : c'est ce que l'on fait à la Charmoise. *Espoir de gain diminue la peine :* on est dédommagé par une surabondance de fumier éminemment propre à l'engrais et à l'amendement des terres.

La chaux.

La chaux peut s'employer de la même façon. Ainsi, dans les exploitations agricoles de M. Tiburce Crespel, département du Pas-de-Calais, le sol des étables est disposé comme à Mettray ; on y étend de la chaux vive jusqu'à la moitié environ de la profondeur, puis on la recouvre d'une couche de litière de 30 centimètres d'épaisseur. Celle-ci permet aux liquides de pénétrer jusqu'au fond et, à mesure que l'humidité gagne la surface, on ajoute de la litière sèche. Le tassement des matières par le piétinement continuel des animaux a pour effet de modérer la fermentation, et, comme elle s'opère très lentement, il n'y a nul inconvénient à laisser la litière en place pendant plusieurs mois. Cette opération se fait, dans les étables et les bergeries, sur une grande échelle, car les exploitations dont il s'agit s'étendent sur plus de 2,000 hectares et, à l'époque où je les ai visitées, en 1855, elles entretenaient 860 bêtes à cornes et 4 à 5,000 moutons. M. Tiburce Crespel, grand agriculteur et manufacturier, est le fils de M. Crespel-Dellisse, qui a rendu à notre pays un immense service en créant l'industrie sucrière dans le nord de la France, à une époque où la guerre nous privait du sucre des colonies (*).

Étables sans litières.

Je crois, maître Labisat, avoir passé en revue tous les moyens de procurer de la litière au bétail; il me reste à vous parler des étables sans litière.

— Oh! pour le coup, père Pratique, malgré toute la confiance que vous m'inspirez, je crois que vous voulez user du privilége des voyageurs qui racontent des choses incroyables dont la vérification est impossible. Des étables sans litières ! cela s'est-il jamais vu ?...

— Vous avez parlé trop tôt, maître Labisat, vous en conviendrez tout à l'heure, car je vous donnerai la preuve de ce que je vais vous dire et vous pourrez vérifier par vos propres yeux l'exactitude de mon récit.

Il y a en Angleterre, en Écosse, en Hollande, en Suisse, en France même, et tout près de vous, dans le département des Basses-Pyrénées, des étables où les animaux sont complétement privés de litières, et ils ne s'en portent pas plus mal. Ils reposent sur un lit de planches disposées en pente, comme un lit de camp : les liquides s'écoulent dans une rigole placée au bas du lit et où l'on rassemble les déjections solides à l'aide d'une râtissoire; le tout est poussé ensuite dans une fosse en dehors de l'étable.

Vous pouvez voir une étable de ce genre, sur le

(*) En 1811.

chemin de Pau à Billères, chez M. Power, à quelques
minutes de la ville. Cette étable est partagée en
cinquante-cinq stalles où les bêtes à cornes reposent
sans aucune espèce de litière, sur un plancher d'une
propreté irréprochable. A l'une des extrémités du bâtiment, un hangar recouvre le dépôt des fumiers, qui se
compose de tuies, de pailles, sur lesquelles on étale
les déjections solides en ayant soin de les arroser chaque
jour avec les liquides recueillis dans la fosse. On se
sert pour cela d'une pelle à bateau dite *écope*.

En Suisse, le plancher est à claire-voie; les liquides
passent entre les interstices; ils se rendent dans un
canal creusé à l'arrière des animaux; on y pousse les
excréments solides, et on délaie le tout ensemble en y
ajoutant de l'eau. Cet engrais est répandu ensuite sur
les terres que l'on veut fumer.

— Je ne savais pas, père Pratique, avoir près de moi
une étable aussi curieuse : je ne manquerai pas d'aller
la visiter à mon premier voyage en ville. J'aurais craint,
je l'avoue, de soumettre mon bétail à ce régime, car
nous avons des nuits très froides, et la litière, sans
parler de ses autres avantages, réchauffe les étables.

— L'expérience est faite, maître Labisat, et vos
craintes, après ce que je viens de vous dire, ne seraient
point fondées.

En France, les hivers sont moins rudes et moins
longs qu'en Suisse et qu'en Hollande : il n'y a donc pas
de difficultés réelles; mais les agriculteurs les plus
expérimentés s'accordant à reconnaître que les litières
pailleuses sont préférables, tous leurs efforts tendent à
en produire.

Je m'aperçois, maître Labisat, que notre causerie
s'est prolongée plus que je n'aurais pensé; c'est que,
sur un pareil sujet, il y avait beaucoup à dire. Je crois
vous avoir montré qu'il y a une multitude de moyens
de se procurer de la litière. Usez de ceux de ces moyens
qui sont à votre portée; variez vos litières, si vous le
pouvez, afin d'approprier vos fumiers à la nature de
vos terres; employez les substances qui peuvent con-
courir tout à la fois à l'engrais et à l'amendement du

sol, mais n'oubliez pas que les litières composées de pailles sont les meilleures de toutes et celles qui conviennent le mieux à la fumure de vos champs.

Dans notre prochain entretien, nous parlerons de la préparation des fumiers.

QUATRIÈME ENTRETIEN

PRÉPARATION DES FUMIERS.

Fumiers à l'étable.

Peu de jours après notre dernière entrevue, le père Pratique, arrivant de bon matin (ce qui me fit présager une conversation plus longue qu'à l'ordinaire), me dit :
— « Maître Labisat, je voudrais visiter l'intérieur de vos étables, dont je ne connais que les dehors fort modestes. Je ne blâme pas cette simplicité, je vous en louerais plutôt, car tant de gens, d'ailleurs fort sensés, se ruinent par le luxe des bâtiments, que j'estime par dessus tout les constructions les plus économiques. »

Je m'empressai de l'y conduire, bien persuadé que cette visite lui fournirait le sujet de quelques observations dont je me proposais de tirer bon parti.

— J'ai remarqué, maître Labisat, que les étables manquent généralement d'air et de lumière, le sol en est mal réglé : il en résulte ou que les animaux sont dans la fange, ou que la litière est à peine mouillée. Cela tient à ce qu'en levant la litière, on a emporté avec elle la couche la plus humide du sol. On pratique ainsi des excavations dangereuses pour les bêtes et incommodes pour les gens de service. On loge trop souvent les animaux où et comme on peut, sans aucun souci des exigences de l'hygiène et sans prendre la peine de niveler le terrain. J'appelle sur ce point votre attention, maitre Labisat, car la disposition des étables a une influence réelle sur la santé du bétail, sur la durée de l'engraissement et sur la valeur des engrais. Cette valeur se perd ou augmente selon les soins d'entretien que vous donnez à vos fumiers, depuis le moment où vous étendez la litière jusqu'au jour où vous les appliquez à vos cultures. Vous trouverez, je l'espère, dans les exemples que je vais vous citer, quelques bonnes pratiques à imiter : néanmoins, je reconnais qu'en Béarn on s'entend bien à loger le bétail. Vos granges sont vastes et commodes ; les animaux y sont à l'aise dans la partie qui leur est réservée ; les chars, les harnais, les jougs et les instruments aratoires y trouvent un abri convenable ; le grenier, placé au dessus, rend le service facile ; on y arrive par un escalier suffisamment spacieux pour un homme chargé d'un fardeau, tandis qu'ailleurs on n'a, la plupart du temps, qu'une échelle plus ou moins étroite qui est un véritable casse-cou : enfin, la propreté de vos étables est remarquable ; aussi mes critiques ont moins d'application dans votre pays que dans plusieurs autres contrées.

En Bretagne, on laisse le fumier sous les animaux pendant deux ou trois semaines : il y a même des localités où il reste en place plus longtemps. Le sol des étables est abaissé de 40 à 50 centimètres, afin de contenir une plus grande quantité de fumier et, à mesure que la masse augmente, on exhausse les crèches, entre deux montants, sur des tasseaux mobiles, comme à Mettray. La dépense pour ces montants et leurs tasseaux est peu de chose : mais, avec ce système, il faut veiller à ce que les animaux soient constamment au sec ; les soins doivent être plus assidus, surtout lorsque le bétail est soumis à une alimentation verte et aqueuse.

A Lens, exploitation dont je vous ai parlé à propos des litières terreuses, les fumiers se font à l'étable et à l'écurie. Les chevaux de trait, au nombre de 40, et 80 bœufs de travail sont logés dans des écuries dont le sol est creusé de 30 c. environ : ils restent sur leur litière pendant près de six semaines. Les bœufs et les vaches à l'engrais, au nombre de 300, sont tenus dans des stalles qui ont 2ᵐ50ᶜ en tout sens, sur 1 mètre de profondeur, et qui sont pourvus d'une auge mobile. Les animaux restent trois ou quatre mois sur une litière composée, en grande partie, de terre, comme je vous l'ai expliqué dans notre dernier entretien. Le bétail paraît se trouver très bien sur cette litière terreuse qui s'échauffe modérément et ne répand aucune mauvaise odeur. Par ce procédé, on économise la main-d'œuvre journalière pour la manipulation du fumier, car on ne le sort que pour le porter aux champs. Il est, en outre, à l'abri des eaux pluviales et de l'évaporation qui résulterait de son exposition plus ou moins prolongée à l'air extérieur.

A la colonie de Mettray, où l'on a adopté le même système après une étude comparative des procédés les plus préconisés, on a reconnu qu'il en coûtait moins de laisser le bétail faire son fumier à l'étable que de le confectionner soi-même hors de l'étable, soit dans une fosse, soit sur une plate-forme. Par là, on supprime, en effet, une foule de manipulations et de manœuvres dont le moindre inconvénient est de prendre beaucoup de temps. On a, en outre, l'avantage d'avoir un fumier tout prêt quand on en a besoin. Il s'agit de prendre l'habitude de soigner la litière à l'étable, au lieu de réserver ses soins pour le tas de fumier.

En Angleterre, on a également adopté le système des stalles pour les animaux à l'engrais. Ils y sont tenus soit isolément, soit deux par deux, pendant deux à trois mois.

Dans quelques parties de la Flandre et en Belgique, on relève chaque jour le fumier en arrière des bestiaux et on l'y amoncèle jusqu'à ce qu'il fermente. Mathieu de Dombasle, l'habile fondateur de Roville, a reconnu que, par cette méthode, on obtient deux fois plus de fumier que par les moyens ordinaires; mais elle n'est praticable que là où l'on n'est pas gêné par l'espace. En général, les étables ne sont ni assez vastes, ni assez bien aérées pour que cet amas de matières en fermentation sous les animaux n'ait pas des inconvénients

sérieux. La température s'y élève outre mesure, de sorte
que le bétail souffre, pendant l'été, d'une chaleur insup-
portable et s'expose à des refroidissements dangereux
s'il sort de l'étable pendant l'hiver. Il vaut mieux enlever le fumier toutes les fois que la masse devient assez
considérable et sans attendre qu'il s'y développe un
excès de chaleur, c'est-à-dire tous les huit ou dix jours.

M. de Gasparin (*) conseille d'enlever le fumier tous les
jours, en laissant la paille qui n'a pas été gâtée. Il n'est
guère possible de rien prescrire absolument à cet égard,
si ce n'est d'attendre, pour enlever la litière, que les
déjections liquides l'aient suffisamment pénétrée.

Quel que soit le système que l'on adopte, la méthode
bretonne, les usages de Lens, ceux de la Flandre, ou le
procédé conseillé par M. de Gasparin, il est essentiel,
pour que les liquides soient absorbés par la litière, que
le sol des étables ait été préalablement rendu imperméable au moyen d'une couche d'argile fortement
pilonée ou d'un macadam lié par un mortier de chaux
et de sable. On doit, en outre, lui donner une pente peu
sensible, car la litière se pénétrera d'autant mieux des
liquides qu'ils s'écouleront plus lentement.

Fumier hors de l'étable.

Le fumier hors de l'étable demande d'autres soins :
il importe de prévenir la déperdition du jus ou purin
qui en suinte plus ou moins abondamment ; de tenir
le dépôt à l'abri d'un excès d'humidité dont la pourriture serait le résultat, et d'un excès de chaleur qui pro-
voquerait l'évaporation des gaz fertilisants ; enfin il
faut favoriser une fermentation modérée dans la masse,
et en augmenter la richesse par l'addition intelligente
de matières ou de substances trop souvent négligées.

— Oh ! je vois où vous voulez en venir, mon cher
maitre, vous allez me conseiller de creuser des fosses à
fumier, de construire des hangars, d'établir une pompe
pour arroser mon fumier ; je crois que nous devons

(*) Savant agronome, auteur d'un *Cours d'Agriculture*, ouvrage le
plus complet que nous ayons sur l'agriculture française.

laisser ces appareils aux gens riches qui peuvent mettre dehors un gros capital, sans trop se préoccuper du produit : mais nous autres qui cultivons par nos mains, nous savons mieux que personne ce que vaut une pièce de 5 francs, plus difficile à gagner qu'à dépenser. Comment voulez-vous qu'ayant tant de peine à ramasser sou à sou le prix de nos denrées, nous consentions à le placer en constructions, en acquisition de machines ou d'instruments ?

— Tranquillisez-vous, maître Labisat, vous avez oublié que je ne demande rien à votre bourse, qui pourrait bien n'être pas aussi maigre que vous le faites entendre : j'en veux à vos bras qui sont solides et à votre intelligence, comme je vous l'ai déjà dit. J'aurai bon espoir d'entrer avec vous dans la voie du progrès, si vous voulez bien convenir que tout n'est pas pour le mieux aujourd'hui. Nous parlerons de fosses, de hangars, de pompes sans doute, car on en obtient de bons effets, mais pour ne pas vous induire en dépense, je vous indiquerai les moyens de vous en passer et d'arriver aux mèmes résultats sans bourse délier. Voyons un peu ce qui se fait, je ne dis pas chez vous, maître Labisat, mais chez la plupart des cultivateurs.

Lorsque la litière commence à embarrasser l'étable, on la tire dehors, puis on la laisse plus ou moins longtemps, dans la cour, exposée à l'air, au soleil, à la pluie avant de la mettre en tas.

Qu'arrive-t-il? La litière chargée de purin s'égoutte n'importe où, l'air et la chaleur enlèvent en vapeurs les sucs les plus fertilisants, à tel point que le fumier de cheval, par exemple, placé dans des conditions si défavorables, perd en poids, en volume et en qualité, les neuf dixièmes de sa valeur primitive. D'autres jettent le fumier dans un trou, pêle-mêle, sans l'étaler; c'est tantôt auprès d'un puits dont l'eau se corrompt à la longue par suite d'infiltrations, tantôt près des bâtiments. Je vous ai déjà signalé les inconvénients qu'il y a à l'étaler devant l'habitation, je n'y reviendrai pas : toutes ces pratiques sont mauvaises. Que faut-il faire, me direz-vous? Je vais vous l'expliquer.

Fosses à fumier.

Des métairies d'une certaine importance ont des fosses à fumier dont le fond et les parties latérales sont en pierre et en mortier de chaux et de sable. Sur l'un des côtés, ou au centre, une fosse plus petite, également en maçonnerie, reçoit le purin que laisse écouler le fumier.

A défaut de mortier, le fond et les parois des fosses sont rendus imperméables au moyen d'une sorte de pisé en argile plastique. Au-dessus de la fosse à purin, on établit une pompe à l'aide de laquelle on arrose le fumier à volonté pour entretenir et activer la fermentation.

Les fosses ont cet avantage que la surface du fumier est seule exposée à l'air : s'il a été étalé et tassé avec soin, la fermentation s'y fait plus régulièrement que sur une plate-forme. Mais on est toujours trop pressé de finir l'ouvrage : on jette le fumier dans la fosse, sans l'étendre ni le fouler ; aussi il est rare que la masse travaille également. Le fond est complétement pourri et réduit à l'état de pâte ou de beurre noir, tandis que le dessus est à peine décomposé. D'ailleurs, les fosses à fumier, dans de pareilles conditions, sont coûteuses à établir ; les exploitations considérables peuvent seules se permettre une semblable dépense. Il n'en est pas de même de la fosse à purin qui devrait exister partout.

Fosse à purin ou purinière.

En effet, la fosse à purin, dont la dimension est beaucoup plus restreinte que celle de la fosse à fumier, n'entraîne pas de gros déboursés, et les frais sont insignifiants lorsque le sous-sol est argileux. C'est, au surplus, de l'argent bien employé, car les urines des animaux ont une valeur considérable en agriculture. Mathieu de Dombasle a constaté qu'une meule de fumier de 12 mètres de long sur 7 mètres de large et 1^m50 de profondeur, lui rendait, chaque année, 900 hectolitres de purin d'une valeur de 450 fr., soit 50 cent. l'hectolitre.

Le purin qui suinte du fumier contient en dissolution les sucs les plus abondants, les plus actifs, ceux que les racines des plantes recherchent et absorbent avec avidité : en cela, je puis le comparer à l'eau qui a traversé une couche de café réduit en poudre. Que diriez-vous de celui qui jetterait l'eau sur le chemin, pour ne garder que le marc ?

Dimensions de la fosse à purin.

Les dimensions de la fosse à purin doivent être calculées dans la prévision qu'elle servira de réceptacle à d'autres matières, telles que les eaux de lessive, les cendres lessivées ou charrées, la suie des cheminées, la sciure de bois, les lies de vin, les rinçures des tonneaux, les résidus de la distillation, les marcs de fruits, et même les vidanges de la maison. Il sera bon d'y ajouter de la chaux vive dans la proportion de 25 litres pour 3 hectolitres de liquides. Toutes ces matières fermenteront ensemble et tiendront à votre disposition, indépendamment des substances solides qui se convertissent en terreau, une certaine quantité d'engrais liquide que vous pourrez répandre en tout temps sur vos cultures, après y avoir ajouté de l'eau dans la proportion de deux ou trois parties d'eau pour une partie de purin. Ces liquides ont plus d'importance qu'on ne le croit généralement, comme le prouvent les observations de Mathieu de Dombasle que je vous ai citées, il n'y a qu'un moment. Le produit seul des vidanges de l'habitation, lorsqu'elles sont déversées dans la fosse à purin, s'élève à 3 hectolitres environ par an et par individu. On n'a point négligé cette valeur sur les fermes du domaine impérial, dans les landes de Gascogne : des citernes reçoivent et conservent toutes les déjections liquides des étables et des écuries, et même les eaux ménagères.

Le lizier ou la lisée suisse.

En Suisse, les excréments solides des animaux sont mêlés au purin ; on y ajoute de l'eau en quantité suffisante pour les délayer et pour donner au liquide la consistance de l'huile. Après cette opération, on laisse le tout fermenter dans des fosses. C'est ainsi que l'on obtient le *lizier* ou la *lisée*. Cet engrais, qui se prépare de la même façon en Belgique, en Allemagne et en Toscane, a une grande puissance : il s'applique en toute saison et à toutes les cultures.

Emploi du purin.

Vous ne sauriez donner trop de soins à la conservation des liquides de ce genre ; ils servent à l'entretien des fumiers élevés en meules, à la confection des composts, ou bien on les répand sur les terres en culture et sur les prairies au moyen de tonneaux semblables à ceux dont on se sert pour l'arrosement des rues dans les villes. Un tonneau ordinaire, placé sur une charrette, rend le même service : il suffit d'adapter, au devant de l'ouverture par où les liquides doivent se répandre, soit une planche sur laquelle sont des rainures disposées en éventail, soit une caisse étroite et longue dont le fond, percé de trous, laisse passer le purin d'une manière assez égale sur toute la largeur du chariot à mesure qu'il avance. J'ai vu de petits cultivateurs transporter ces liquides jusqu'au pied des plantes, à l'aide d'une brouette et d'un baquet où ils puisaient avec une vieille cuillère à pot. Voilà trois instruments qui se trouvent partout.

Dans le département du Nord, on donne avec raison une haute valeur à l'effet des urines ; aussi toutes les fermes sont pourvues de citernes qui reçoivent les déjections liquides des animaux de toute espèce. Répandu sur les terres argileuses, cet engrais profite sensiblement à trois récoltes successives. Pour n'en citer qu'un exemple, entre bien d'autres, vers la fin de l'été de 1854, **M.** Demesmay, agriculteur à Templeuve, en a versé 3 à 4 litres par mètre carré sur le quart d'un champ qui avait porté du seigle mêlé de vesces et, sur ce quart, il a cultivé des navets en récolte dérobée. En 1855, tout le champ a reçu du fumier et a donné des betteraves ; en 1856, on y a récolté du blé sans nouvelle fumure ; enfin, en 1857, ce même champ a porté du trèfle qui a été très beau sur le quart que l'on avait arrosé avec l'urine en 1854, et médiocre sur le reste du terrain.

— Il me semble, père Pratique, que ce système, qui est bon pour le nord de la France, pourrait bien n'avoir pas le même succès dans le sud-ouest.

— Vous me faites cette objection sans doute, maître Labisat, parce que je vous ai parlé de la betterave que l'on ne cultive guère ici, en grand du moins, comme on le fait dans le Nord ; mais le maïs est une plante sarclée, aussi bien que la betterave ; l'un et l'autre sont une excellente préparation pour le blé. A ce point de vue, les résultats seraient les mêmes, et le farouch, que vous semez volontiers après le blé, profiterait de la fumure, tout comme le trèfle que je vous ai cité. Voulez-vous d'autres exemples ?

Emploi du purin avec la chaux.

A la ferme-école de Royat, département de l'Ariége, on reçoit les déjections solides et liquides dans des rigoles creusées derrière les animaux ; ces rigoles conduisent les matières à une fosse extérieure où on les brasse avec de l'eau dans laquelle on a jeté de la chaux vive ; le tout se déverse ensuite dans la fosse à purin, où on le puise à volonté pour le répandre sur les prairies ou sur les cultures en végétation, à raison de 100 hectolitres par hectare (10 litres par mètre carré ou par centiare).

C'est une méthode empruntée à la Suisse, sauf l'addition de la chaux.

Emploi du purin en Sologne.

Sur le domaine impérial de la Motte-Beuvron, en Sologne (*), et à la ferme impériale de Rambouillet, département de Seine-et-Oise, des succès extraordinaires ont marqué l'emploi du purin. On a récolté, en 1858, 10,000 kilogrammes de fourrages et, en 1859, 12,000 kilogrammes, malgré la sécheresse, sur des

---

(*) La Sologne était autrefois un petit pays compris dans la partie méridionale de l'Orléanais, dans le Blaisois et dans la partie septentrionale du Berry : Romorantin en était la capitale. Elle est aujourd'hui partagée entre les départements de Loir-et-Cher, du Loiret et du Cher.

prairies qui, en moyenne, ne donnaient pas plus de 6,000 kilogrammes. Il est vrai que, sur ces domaines, le purin se combine avec des engrais pulvérulents, tels que le guano.

L'exemple de la Sologne est d'autant plus remarquable qu'il y a peu d'années, cette contrée était encore couverte de marécages, de landes et décimée par des fièvres paludéennes : on la regardait comme une terre fatalement vouée à la stérilité. Un célèbre agronome anglais, Arthur Young, qui visita cette partie de la France en 1788, disait d'elle : « *Misérable contrée,* » *sol maigre et graveleux, étrange mélange d'eau et de* » *sable ; on n'y rencontre que des tableaux de misère.* » Les choses ont bien changé, grâce à une généreuse initiative. L'Empereur, dans sa sollicitude pour les intérêts de la population agricole, n'a pas voulu que le vaste plateau de la Sologne, qui ne comprend pas moins de 400,000 hectares, demeurât plus longtemps improductif. Il a créé, au centre même de ce pays désolé, à la Motte et à la Grillaire, deux fermes, qui comprennent 3,334 hectares. Des routes ont été ouvertes, comme dans les landes de Gascogne, car c'est toujours par là que doit commencer l'œuvre du défrichement ; l'emploi de la marne et des engrais a été favorisé par des réductions sur le prix du transport ; les eaux stagnantes s'écoulent en arrosant des prairies artificielles ; les céréales, enfin, ont pris possession d'un sol qu'elles n'abandonneront plus.

Les améliorations exécutées sur le domaine impérial ont trouvé des imitateurs et elles ont exercé une si heureuse influence dans le pays, que c'est un cultivateur de la Sologne, M. Ménard, à Huppemeau, qui a mérité, en 1858, la grande prime d'honneur du département de Loir-et-Cher. En un mot, la vieille Sologne a disparu, et Arthur Young, s'il revenait au monde, en chercherait vainement la place.

Des latrines.

L'emploi du purin et des excréments liquides des animaux m'amène à vous parler des latrines.

Dans la plupart des exploitations rurales, il n'y a pas de cabinets à cette destination, et l'on y est affligé trop souvent par le spectacle d'habitudes contraires à la décence autant qu'à la salubrité. Il y a longtemps qu'il en est ainsi, car nous trouvons dans le *Théâtre d'agriculture*, dédié à Henri IV, il y a plus de deux siècles et demi, qu'Olivier de Serres (*), le père de l'agriculture française, choqué de l'incurie commune à cet égard, prescrivait de « dresser, du côté du Septen-
» trion, des privez pour les serviteurs et d'autres pour
» les servantes, avec leurs montées séparées pour
» l'honnêteté. »

Notre bon roi, qui avait coutume de dire : « *Labou-*
» *rage et pâturage sont les deux mamelles de l'Etat,* »
avait en telle estime le livre d'Olivier de Serres, que quatre mois durant, à partir du jour où l'auteur le lui avait présenté (**), il se le fit apporter tous les jours après son dîner et le lisait pendant une demi-heure. En cela comme en bien d'autres choses, Henri IV a fait preuve d'un profond jugement, car ce livre, malgré les progrès accomplis dans la science agricole, est encore fort estimé de nos jours et sa lecture offre un intérêt réel à tous ceux qui s'occupent des choses rurales.

A la ferme-école du département des Basses-Pyrénées, située à Tolou, près de Gan, sur la route des Eaux-Bonnes, le fumier est déposé sur une vaste plate-forme de pierre, partagée en deux parties par une fosse qui reçoit le purin des étables et au-dessus de laquelle est placée une guérite servant de cabinet d'aisances. Une pompe puise le purin dans la fosse et le distribue au besoin sur toutes les parties du fumier.

Des cultivateurs intelligents remplissent de mauvaises pailles ou des résidus du battage, jusqu'à la moitié de

---

(*) Olivier de Serres cultivait son domaine de Pradelles, situé à 5 kilomètres environ de la ville de Villeneuve-de-Berg, département de l'Ardèche. On lui doit l'introduction de l'industrie de la soie en France. Une statue de bronze a été élevée, en 1858, à Villeneuve, en son honneur, à l'aide de souscriptions recueillies par ses admirateurs.

(**) Le 1er mai 1600.

sa hauteur, la fosse qui reçoit les excréments des habitants de la maison. Ils enlèvent ces matières une ou deux fois par mois, selon la contenance de la fosse, et l'étalent sur la meule du fumier. Les pailles ainsi placées font l'effet d'un filtre grossier au travers duquel les liquides vont se joindre au purin, tandis que les matières solides, retenues sur le filtre, subissent un commencement de dessiccation qui en rend plus facile l'étalage sur la meule du fumier.

Il est à remarquer que les déjections mêlées aux pailles n'arrivent à la fermentation qu'au bout de trois mois en été et de quatre à cinq mois en hiver; il ne faudrait donc pas en charger les meules du fumier qui devrait être employé à un terme plus court.

La véritable place des latrines est sur la fosse à purin : cet usage salutaire tend à se généraliser, et vous en comprendrez l'importance quand vous saurez que la fécondité merveilleuse du sol dans nos départements du Nord tient essentiellement à l'emploi de l'engrais humain, recueilli dans des citernes et employé, soit seul, mais étendu d'eau, soit en mélange avec le fumier.

Je me propose d'entrer, à ce sujet, dans des explications plus étendues, quand nous aurons épuisé ce qui a rapport aux fumiers d'étable. Il nous reste à examiner les moyens de le conserver : ce sera, si vous le voulez bien, l'objet de notre prochain entretien.

CINQUIÈME ENTRETIEN

CONSERVATION DES FUMIERS.

Les conseils du père Pratique commençaient à porter leurs fruits. Jean Labisat, résolu à entrer dans la voie

de réformes dont l'utilité lui était démontrée, à supprimer le cloaque qui déshonorait sa cour, à ne plus
laisser pourrir le fumier dans une étable qui n'est point
disposée pour la transformation sur place des litières
en engrais, s'était armé d'une fourche à dents recour-
bées pour tirer dehors la litière. Par un mouvement de
torsion imprimé à son instrument, il enlevait à la fois
une grande quantité de substances fibreuses qu'il
traînait jusqu'au fond de la cour.

Le père Pratique le surprit au milieu de cette opération. — Eh, mon Dieu ! que faites-vous là, maître
Labisat ? Ne voyez-vous pas qu'en tordant ainsi votre
litière vous en exprimez le jus qui se perd dans le trajet
de l'étable au lieu du dépôt ? Croyez-vous qu'en cet état
il vous soit facile de l'étaler convenablement ? Vous la
retrouverez dans vos champs tordue comme une corde
à puits, et il vous faudra alors, pour la diviser et
l'éparpiller, plus de temps qu'il ne serait nécessaire
pour bien faire la besogne du premier coup. Croyez-moi,
ne ménagez pas votre peine : prenez une civière,
chargez-la et roulez votre fumier jusqu'au dépôt. Vous
perdrez ainsi peu de purin, et la litière arrivera prête à
être étalée également sur toute la surface.

Voyons un peu comment vous avez disposé l'emplacement du fumier. Vous êtes heureusement secondé par
la nature du terrain. Voici un sous-sol argileux qui
est parfait pour retenir les liquides. Vous avez tracé la
place d'une fosse destinée au fumier et d'un réservoir
de moindre dimension, dans lequel s'écoulera le purin :
tout cela est bien entendu et il serait à souhaiter que
votre exemple fût suivi par vos voisins. Cependant, si
le liquide venait à dépasser la couche d'argile, vous
seriez obligé, soit de creuser davantage, soit d'élever
un mur en maçonnerie sur l'argile, à partir du point
où commence la couche perméable.

Vous pouvez vous dispenser de creuser une fosse
pour le fumier, car, alors même qu'elle n'aurait pas
plus de 1 mètre de profondeur, ce serait une grande
masse de terre à remuer, un assez long travail à
exécuter et, quand il serait terminé, vous seriez exposé

aux inconvénients que je vous ai signalés à propos des fosses à fumier. D'un autre côté, le réservoir du purin, qui doit nécessairement être établi en contre-bas, ne pourrait plus être exploité commodément que par une pompe : ce serait une dépense de plus. Je vais vous dire ce que l'on fait à Roville, puis ce qui se pratique chez moi : vous choisirez ensuite la méthode qui vous conviendra le mieux.

Plate-forme pour le fumier. — Exemple tiré de Roville.

« A Roville (*), le parc au fumier est disposé d'une manière très simple : c'est un espace plat, de niveau avec le sol environnant, mais dont le fond est garni de terre glaise bien battue afin qu'il n'y ait aucune infiltration. Ce parc a 12 mètres de long sur 7 mètres de largeur : lorsqu'il est complétement couvert de fumier sur une hauteur de 2 mètres, il contient la charge de 200 voitures environ. Sur les quatre côtés règne une rigole toujours bien curée et par laquelle le purin qui s'écoule de la meule est conduit dans un réservoir de 2 mètres en carré sur 1 mètre de profondeur, pratiqué à la partie la plus basse de l'emplacement. En dehors de la rigole et tout autour du parc, on a pratiqué, avec du gravier mélangé d'argile, une espèce de levée de 1 mètre et demi de largeur, afin que le purin ne puisse ni déborder ni être envahi par les eaux extérieures. Cette levée n'a que 2 décimètres de hauteur au milieu et se termine en pente des deux côtés, en sorte qu'elle est presque insensible à la vue, et qu'elle ne gêne nullement l'accès des chariots. Au-dessus du réservoir est placée une pompe fixe en bois, au moyen de laquelle on peut verser le purin, soit sur le tas de fumier pour l'arroser, soit sur les composts en préparation, soit enfin dans un tonneau placé dans une charrette pour le conduire là où il en est besoin.

» En disposant le fumier sur le parc, on élève verticalement les quatre faces, comme on le ferait pour les murs d'un bâtiment : et afin que l'ancien fumier ne se

(*) Annales de Roville. t. 7.

trouve pas enfoui sous le nouveau, ce qui arrive communément, on établit deux ou trois divisions que l'on charge et que l'on enlève successivement ; mais les meules qui forment ces divisions sont contiguës les unes aux autres, en sorte que lorsqu'elles sont élevées à une hauteur égale, elles présentent l'apparence d'une seule meule rectangulaire. C'est dans une de ces divisions que se préparent les composts. » Nous en parlerons plus tard.

Exemple tiré de la métairie du père Pratique.

Voici maintenant ce que j'ai fait chez moi. Je ne me permettrais pas de mettre ma modeste closerie en regard de l'exploitation de Mathieu de Dombasle, si je ne m'étais guidé sur son exemple : vous verrez par là, maître Labisat, comment on peut appliquer aux plus petits domaines les pratiques adoptées sur les plus considérables.

Mes étables, mon écurie et les toits à porcs font face au midi, au lieu d'être orientés au levant, comme il est d'usage dans votre pays. C'est, dans nos contrées, l'exposition qui convient le mieux au bétail : le soleil y exerce son action bienfaisante pendant les trois quarts de l'année et, à l'époque où il devient incommode, nous tenons nos animaux à l'abri de ses rayons les plus ardents au moyen d'une toile grossière qui forme rideau sans intercepter la circulation de l'air, ou bien en fermant à demi les ouvertures.

Un grenier à fourrages règne sur le tout et un vaste hangar, où sont soigneusement rangés les chars, les harnais, et les instruments de travail et de culture, est adossé aux bâtiments. En arrière, et à l'ombre qu'ils projettent, j'ai placé le dépôt général de mes fumiers sur une aire chargée de glaise et de gravier, fortement battus comme on le fait à Roville. La plate-forme est légèrement bombée au centre pour faciliter l'écoulement du purin dans une rigole régnant au pourtour et aboutissant à un réservoir où se rendent, par un petit canal couvert, les liquides surabondants. Mon réservoir a les dimensions de celui de Roville ; il est établi sur la partie la plus basse du sol entre le han-

gar et la plate-forme ; il reçoit, au besoin, les eaux
des bâtiments qui l'avoisinent. Des madriers le recouvrent exactement et préviennent tout accident. Si l'on
ne prend pas la précaution de couvrir les excavations
de ce genre, les animaux sont exposés à y tomber et à
se casser les jambes ; les volailles s'y noyent en vou-
lant saisir les vers qui s'agitent à la surface ; enfin
c'est un danger permanent que rend sérieux l'étour-
derie naturelle aux enfants : les grandes personnes
elles-mêmes sont parfois victimes de cette négligence.
On relève un des madriers pour puiser le liquide avec
une écope et arroser les meules. Le côté de la plate-forme
opposé au réservoir demeure libre afin que les chariots
puissent approcher du dépôt pour enlever facilement les
fumiers ou les composts.

On m'a recommandé une pompe en bois, très rustique, qui, dit-on, n'est pas sujette aux engorgements
et dont le prix est modéré. Il est probable que je m'en
donnerai une de ce modèle lorsque j'aurai acquis la certitude qu'elle fonctionne bien : ce sera plus commode
qu'une écope : le travail se fera plus vite et plus proprement.

Je n'ai point, comme vous, maître Labisat, l'avantage
d'un banc d'argile imperméable : mais, pour épargner
les frais d'une construction, j'ai garni le fond et le
pourtour du réservoir de grandes plaques d'ardoises,
très communes dans notre département, et dont les
joints sont garnis avec de l'argile. De larges dalles de
libage (*) comme vous en avez ici feraient le même
office que mes ardoises : elles vous dispenseraient d'un
cailloutage et d'une grande partie de la main-d'œuvre ;
sans compter que le travail, une fois fait, n'exigerait
point de réparations.

Un de mes voisins qui n'a qu'une petite closerie
recueille le purin dans un tonneau sur lequel il a établi
ses latrines : quand le tonneau est plein, il le vide sur
son fumier. C'est un moyen fort simple et économique

____

(*) Pierre aussi dure que le granit, se divisant par lames, d'une
grande consistance.

de conserver ces riches matières : mais un tonneau mis en terre, si peu qu'il y soit entré, se détériore promptement ; il n'est pas facile de l'enlever et souvent il se défonce pendant l'opération. Je vous dirai tout à l'heure comment je me suis mis à l'abri de ces inconvénients.

Suivant les conseils d'Olivier de Serres, j'ai élevé sur les petits côtés de la plate-forme, aux deux extrémités opposées, deux guérites, l'une pour les hommes, l'autre pour les femmes : là sont les latrines de la maison ; tout le monde, habitants et journaliers, est tenu de s'y rendre, à moins que l'on ne soit aux champs. La bienséance est respectée puisque ces guérites sont séparées, dans toute la longueur de la plate-forme, par la masse des fumiers. Chacune d'elles est partagée en deux cabinets dont l'un a un siége très bas pour les enfants. Le plancher est exhaussé de 50 centimètres environ au-dessus du sol. On y arrive par trois marches grossières dont la première, celle qui touche la terre, est une pierre, parce que le bois pourrirait trop promptement. J'ai l'intention de remplacer ces marches par des terres rapportées en pente douce et soutenues par un petit mur faisant rampe. Ce sera plus solide et plus commode que des marches ; la dépense, une fois faite, il n'y aura pas de frais d'entretien. Sous le plancher est un baquet mobile que l'on retire lorsqu'il est plein et dont on verse le contenu, soit sur le fumier, soit sur les composts. La manœuvre se fait de la manière la plus expéditive par les côtés de la guérite dont le soubassement reste ouvert. Le devant, comme je vous l'ai dit, est rempli par le talus qui y donne accès, et le derrière est occupé par les fumiers ou par les composts. Le baquet est posé sur une dalle de pierre qui le préserve de l'humidité du sol : il est garni de deux crampons de fer à l'aide desquels on le déplace et on le renverse avec d'autant plus de facilité qu'il n'est pas d'un gros volume. En effet, la capacité de ceux que j'emploie n'excède pas 1 hectolitre. Par ce système, je supprime les manipulations les plus désagréables aux cultivateurs qui ne sont pas habitués à utiliser ces matières, si précieuses au point de vue agricole. Comme il ne faut pas négliger ce qui contribue à l'agrément d'une propriété, j'ai planté des touffes d'arbustes pour masquer les guérites et quelques mûriers dont l'ombrage maintient, sur la plate-forme, une fraîcheur favorable à la transformation des substances qui y sont amassées.

Meule de fumier.

Quant au fumier, voici comment je le dispose. J'étends sur l'aire, en les mélangeant avec soin, les fumiers de tous mes animaux. Je sais que bon nombre de cultivateurs tiennent séparés les divers fumiers ; cette opération compliquée augmente la main-d'œuvre sans profit bien constaté chez moi, si ce n'est dans des cas exceptionnels. Le mélange a l'avantage d'améliorer les fumiers les uns par les autres et de les rendre également convenables à toutes sortes de terrains et de cultures.

Au fur et à mesure que la meule s'élève, je foule la masse afin de ne pas laisser de vides, car c'est dans les vides, vous avez dû le remarquer, maître Labisat, que vient la moisissure caractérisée par ce que l'on appelle le blanc du fumier ; j'arrose modérément chaque couche de manière à l'humecter sans la noyer, puis, lorsque la meule a atteint de 1^m50 à 2 mètres au plus de hauteur, je la couvre de terre, de marne, de tourbe, de branches d'arbres, de pailles, d'ajoncs, de bruyères, d'herbes inutiles, non pas de tout cela à la fois, mais de celles de ces substances que je puis me procurer le plus facilement : elles préservent la surface de la meule des ardeurs du soleil et préviennent l'évaporation lorsque la masse commence à s'échauffer. Enfin, pour conserver l'humidité intérieure qui provoque et soutient la fermentation, je plaque, sur les côtés de la meule, des branches d'arbres, des gazons ou des terres provenant du curage des fossés, ou quelqu'une des autres substances qui servent à couvrir la superficie.

J'ai vu ces procédés mis en pratique, avec le plus grand succès, dans les départements de l'Ariége, de l'Indre et de l'Eure ; ils m'ont paru bons, et je les ai adoptés. Ainsi, à la ferme-école de Royat, département de l'Ariége, les fumiers des étables, des écuries, des bergeries, de la porcherie sont mélangés, chaque semaine, sur une aire abritée par un hangar et contiguë à la fosse à purin. Chaque couche de fumier, après avoir été bien foulée, est arrosée de purin contenant en dissolution du sulfate de fer et reçoit une certaine dose de plâtre. Lorsque le tas est arrivé à la hauteur voulue, on le recouvre de quelques centimètres de terre et on l'abandonne à lui-même.

A la ferme de Rély, qui a obtenu la prime d'honneur du département de l'Eure, en 1857, on réunit sur une plate-forme les fumiers des bêtes à cornes, des chevaux et des porcs : puis, sur une seconde plate-forme, on rassemble les fumiers des moutons qui sont réservés pour certaines cultures auxquelles ils conviennent le mieux. Le purin des deux plates-formes se rend dans une citerne d'où le trop plein s'écoule sur les prés. Je crois qu'il serait préférable de le recueillir dans une seconde citerne, si l'on ne veut pas agrandir la première.

Dimensions de la meule à fumier.

— Veuillez me dire, père Pratique, quelle surface vous donnez à la meule et si vous verriez de l'inconvénient à ce qu'il y eût une ou deux grandes meules, par exemple, plutôt que de les multiplier en les tenant plus petites ?

— Vous remarquerez, maître Labisat, que plus la meule sera étendue plus elle sera exposée, soit à se dessécher par l'effet de la chaleur ou des vents persistant avec violence, soit à se mouiller outre mesure dans les jours pluvieux : il serait donc impossible d'en régler la fermentation. Les petites meules n'ont pas ces inconvénients : on en mesure l'étendue sur la quantité de fumier que l'on doit y faire entrer dans un délai assez court pour qu'elle ne reste pas trop longtemps découverte. En accordant 6 mètres carrés pour chaque meule, c'est-à-dire 2 mètres de côté, et en élevant la masse à 2 mètres de hauteur, on obtient un volume de 12 mètres cubes qui serait plus que suffisant si le fumier ne devait être levé qu'une fois par an.

Lorsque la première meule est terminée, j'en établis de nouvelles avec les mêmes soins, et je les accote les unes aux autres, afin d'empêcher l'air de circuler entre elles. Par ce procédé, j'ai constamment à ma disposition des fumiers dont chaque meule est également avancée dans toute son épaisseur, et je suis à même de choisir celles dont l'état est le mieux approprié aux besoins de mes cultures successives. L'enlèvement d'une meule ne dérange en rien ses voisines ; les parties que cet enlèvement découvre sont garanties par les moyens que j'applique au pourtour.

Les terres ou les gazons plaqués contre les parois de la meule doivent être fortement appuyés : ils s'imprègnent à la longue de principes fertilisants et se convertissent en un engrais pulvérulent que l'on mêle aux fumiers, ou que l'on réserve pour des cultures spéciales. On obtient ainsi une sorte de terreau excellent pour la vigne.

Quant à la hauteur à donner à la meule, les uns vont jusqu'à 2ᵐ30 ou 2ᵐ50 dans la pensée que le tassement se fait d'une manière plus égale sur une meule un peu chargée ; d'autres, et je suis de ces derniers, ne veulent pas dépasser 2 mètres qui se réduisent, par l'effet du tassement, à 1ᵐ60 ou 1ᵐ50. Nous avons reconnu que plus la meule est élevée, plus le travail est pénible pour la former et pour l'arroser.

Par nos procédés, qui conviennent surtout là où l'on est dans l'usage de conduire le fumier aux champs deux fois par an, au printemps et à l'automne, la fermentation s'établit lentement, elle ne devient pas tumultueuse, nous l'entretenons par des arrosements modérés, et s'il nous paraît nécessaire de l'activer, il suffit de donner de l'air à la meule en dégarnissant les côtés ou la surface. Dans ces conditions, la décomposition se fait peu à peu et son résultat nous laisse un fumier d'un aspect gras, bien macéré, amolli et dont toutes les parties sont homogènes : c'est ce que l'on nomme le fumier normal.

Hangars pour abriter le fumier.

— Dites-moi, je vous prie, père Pratique, si les fu-

miers abrités sous des hangars ne demandent pas des
soins moins minutieux? Dans le cas où il en serait ainsi,
je verrais une grande simplification dans les travaux
dont vous m'avez parlé.

— Sans doute, maître Labisat, mais chaque chose a
ses avantages et ses inconvénients selon les localités
et selon les climats : c'est à nous de peser les uns et
les autres et de nous déterminer selon les circonstances. Connaissez-vous, dans ce pays, des abris de ce
genre?

— Oui certes, père Pratique, j'en ai vu non loin d'ici,
à Lescar, sur le domaine de Bilaa, auquel a été décernée,
en 1864, la grande prime d'honneur au concours
régional des Basses-Pyrénées ; sur les coteaux de
Jurançon, à Rousse ; sur ceux de Gelos, au Marquisat,
propriété ravissante par sa situation, ses points de vue
délicieux, et qui est tenue avec un goût remarquable ;
à Idron, à Billères et ailleurs.

— J'ai visité ces localités, maître Labisat, et j'y ai,
en effet, remarqué les hangars que vous me citez : je
suis porté à croire qu'ils ne sont pas précisément une
innovation dans votre pays, et j'en ferais volontiers
remonter l'origine aux conseils d'Arthur Young, ce
voyageur anglais, dont je vous ai déjà parlé, qui,
visitant le Béarn en 1787, signala le premier, je crois,
le préjudice que le soleil, plus encore que la pluie ou la
neige, assez rare chez vous, cause au fumier. Émerveillé
de la beauté du paysage, de la douceur du climat, de
l'abondance et de la saveur des fruits, particulièrement
sur la route et sur le territoire de Monein, Arthur
Young a fait de cette contrée un éloge séduisant, que
ses compatriotes ont pleinement confirmé par la suite,
comme le prouve l'accroissement de la colonie anglaise
à Pau pendant la saison d'hiver et l'affluence des autres
étrangers qui suivent cet exemple.

Pour en revenir aux hangars, j'ai remarqué que la
plupart d'entr'eux ne sont pas dans des conditions
complétement satisfaisantes. Les uns sont trop loin
des étables, et le purin se perd dans le trajet ; d'autres
sont trop bas, les chars ne peuvent en approcher ;

quelques-uns, au contraire, sont tellement élevés que la pluie fouette le fumier sur toutes ses faces, et que les rayons du soleil n'y rencontrent aucun obstacle. J'ai vu des hangars protéger la superficie d'un fumier dont les couches inférieures pourrissent dans une mare de purin de 40 à 50 centimètres de profondeur, sans écoulement ; j'en ai vu, enfin, qui ne couvraient que la moitié du parc aux fumiers. Il eût mieux valu faire l'économie plus complète : cette construction insuffisante est sans utilité. Je puis vous citer comme un véritable modèle le hangar que M. Giot, lauréat de la prime d'honneur du département de Seine-et-Marne, un des partisans les plus éclairés du progrès agricole, a établi sur son domaine de Chevry-Cossigny, près de Brie-Comte-Robert. Ce hangar a environ 20 à 25 mètres en longueur et en largeur ; il couvre une surface de 600 mètres carrés, et sa hauteur est calculée de telle sorte que les charrettes chargées peuvent facilement circuler sous cette vaste couverture. La fosse à fumier qu'il abrite a la forme d'une soucoupe, au centre de laquelle est un puits qui reçoit le jus du fumier, ainsi que les liquides des étables et des fosses d'aisance. Une pompe établie sur ce puits permet d'arroser le fumier toutes les fois qu'il est nécessaire. Le surplus du purin sert à l'arrosement de certaines cultures et à la confection de composts où il entre de la terre, de la marne, des cendres, de la craie, de la tourbe, des poussiers de toute nature, etc. Le poulailler est sur un des côtés du hangar et n'a d'ouverture qu'à l'intérieur, de sorte que le fumier s'enrichit des fientes des poules.

Dans le département de la Somme, à Fransu, M. Douville a élevé un hangar de ce genre, de 15 mètres de long sur 10 de large, surmonté d'un grenier à fourrages ; le tout lui revient à 750 francs. Il entretient, sous ce hangar et sur le fumier même, ses bêtes bovines d'élevage qui, par leur piétinement journalier, opèrent un tassement favorable à la décomposition graduelle du fumier et à la conservation de ses principes fertilisants. La fosse est curée tous les mois et le fumier, mis en tas au dehors, se conserve parfaitement jusqu'au moment où on l'emploie. Ainsi là , comme à Mettray, les animaux font eux-mêmes leur fumier.

Les hangars ne sont pas nécessaires dans les contrées où il pleut rarement , et lorsque l'on prend soin de protéger la meule ou la fosse contre les eaux courantes et les eaux des bâtiments circonvoisins. Les eaux pluviales qui tombent directement du ciel sur le fumier sont moins nuisibles que les autres. On peut, d'ailleurs, en atténuer l'effet en couvrant la meule avec des terres ou des gazons auxquels on donne une pente assez marquée vers le dehors.

Fumiers nouveaux, fumiers fermentés.

— Vous m'avez parlé, père Pratique , des fumiers nouveaux et des fumiers fermentés : quels sont ceux que l'on doit préférer ?

— Les avis sont partagés sur cette question. Olivier de Serres préfère les vieux fumiers aux fumiers nouveaux : bon nombre de cultivateurs sont du même avis; ils reprochent aux fumiers nouveaux d'apporter sur les terres une quantité prodigieuse d'œufs d'insectes ravageurs et de mauvaises graines qui prennent, en pure perte, une part des engrais destinés aux plantes utiles. Ceux qui préfèrent les engrais nouveaux obvient aux inconvénients que l'on signale en les appliquant aux plantes sarclées.

Les fumiers nouveaux conviennent surtout aux terres compactes : leur paille, qui est moins consommée, divise et ameublit la couche arable beaucoup mieux que ne le ferait le fumier consommé ; elle se décompose lentement en abandonnant peu à peu au sol les éléments fécondants qu'elle porte avec elle. On réserve les fumiers anciens pour les terres légères et sèches : ils y entretiennent la fraîcheur pendant l'été et leur donnent de la consistance. Dans les pays chauds et les terres humides, les fumiers se décomposent promptement; il n'y a , par conséquent, aucun inconvénient à les employer frais. Dans les climats froids, où la décomposition s'opère plus lentement , les fumiers fermentés sont préférables.

Les hommes les plus compétents en pareille matière déclarent que cette distinction entre les fumiers anciens ou fermentés et les fumiers nouveaux ou non fermentés est de peu d'importance. M. Boussingault, qui est à la fois un homme de science et de pratique, a analysé les uns et les autres, et il n'a trouvé entr'eux qu'une faible différence.

Le maréchal Bugeaud, qui était aussi bon agriculteur que brave et habile capitaine, estimait beaucoup les fumiers frais : il a démontré qu'en six mois, le fumier mis en meule diminue de moitié. A ceux qui lui opposaient la difficulté d'enfouir des fumiers longs et pailleux, il répondait : « Faites comme en Alsace : » déposez le fumier dans les sillons à mesure que la » charrue les ouvre ; il se trouvera enterré, par un seul » labour, avec une économie réelle sur la main d'œuvre. »

M. Lecouteux (*) est d'avis d'enfouir les fumiers, autant que cela se peut, à mesure qu'ils se produisent et en tout temps. Il fait remarquer qu'une large application d'engrais est la base de la culture améliorante; que l'engrais est un capital d'autant plus productif qu'il circule et se renouvelle plus rapidement, car un capital qui dort nous constitue en perte. « Le fumier, dit-il, donnant du fourrage qui, à son tour, se convertit en fumier, il importe que cette transformation s'opère dans un délai limité, afin que le capital représenté par le fumier ne demeure pas improductif. » Il ajoute, avec beaucoup de raison : « Que, s'il était permis de répartir les fumures sur le printemps, la fin de l'été et l'automne, la masse des matières fertilisantes obtenues dans la ferme serait mieux utilisée, et le service des attelages serait distribué d'une manière moins onéreuse pour le cultivateur. »

M. de Girardin (**) croit, au contraire, que l'emploi du

(*) Un de nos agriculteurs les plus expérimentés, membre de la Société impériale et centrale d'Agriculture de France.

(**) Professeur de chimie à l'Ecole municipale de Rouen et à l'Ecole d'Agriculture et d'Economie rurale du département de la Seine-Inférieure, membre de la Société impériale et centrale d'Agriculture de France.

fumier fermenté est plus avantageux , en ce qu'il agit plus promptement que le fumier frais. Il estime que le cultivateur retire plus de profit d'un fumier qui produit ses effets en un an , par exemple , que de celui dont les effets se partagent entre plusieurs années.

— Et vous, père Pratique, quelle est votre opinion ?

— Je ne me permettrai pas, maître Labisat, de trancher une question débattue entre des autorités aussi imposantes , bien que chez moi on suive la méthode indiquée par M. Lecouteux. Cependant, connaissant les propriétés particulières des engrais nouveaux et des engrais fermentés , j'oserai conclure de ce débat que nous devons nous régler sur les besoins de nos cultures , sur la nature de nos terres et sur l'assolement auquel elles sont soumises. Usez de fumier fermenté quand vous voudrez obtenir un effet prompt ; prenez un fumier frais si vous préférez que l'effet de la fumure se prolonge sur plusieurs récoltes successives. Le choix serait indifférent s'il est prouvé, comme on l'assure, qu'un sol périodiquement nourri de fumiers frais ne tarde pas à s'élever au même degré de fertilité que le terrain auquel on n'a donné que des fumiers fermentés. Au surplus, on s'accorde à reconnaître que les fumiers longs , dès qu'ils ont subi une sorte de macération voisine de la décomposition, sont en état d'être enfouis après six semaines ou deux mois , trois au plus, selon la saison , et qu'ils remplissent les conditions que l'on exige d'un bon engrais.

Enlèvement du fumier.

Ce n'est pas tout d'avoir donné à la confection de vos fumiers les soins, peut-être minutieux, que je vous ai conseillés, mais qui sont nécessaires pour en conserver la richesse et accroître leur énergie , il y a encore des précautions à prendre pour que, dans les opérations de l'enlèvement , de l'épandage et de l'enfouissement, les fumiers ne perdent pas les principes que votre vigilance y a concentrés.

Certains cultivateurs, avant de charger leur fumier,

le retournent, le brisent pour faciliter, disent-ils, son incorporation dans le sol. Ils y réussissent, en effet, mais un fumier ainsi retourné perd par l'évaporation une partie des éléments que nous avons intérêt à y retenir. Il vaut mieux approcher le char du dépôt, entamer la meule par tranches verticales, si l'état du fumier le comporte, et charger à mesure : de cette manière, il n'y a pas d'évaporation.

Transport du fumier.

Quant à l'époque où les fumiers doivent être transportés aux champs, écoutons Olivier de Serres : « Vos fumiers, » dit-il, seront charriés ès-terres à grains dès le com- » mencement de septembre, *après que les grandes* » *chaleurs seront passées*, évitant par ce moyen le hâle » qui les dessécherait trop. »

La culture améliorante a d'autres exigences : elle réclame du fumier en toute saison. Le grand art du cultivateur consiste à gouverner ses meules, de manière à ce qu'elles soient prêtes en temps opportun et amenées au point de fermentation ou de décomposition qui convient le mieux à ses desseins. Ainsi, sur le domaine d'Andressat, département du Lot, dans les départements de Maine-et-Loire, de la Loire-Inférieure et dans toutes les contrées où l'agriculture est en progrès, on emploie le fumier au fur et à mesure des besoins, et aucune plante n'est cultivée sans une fumure préalable.

Lorsqu'on a de grandes distances ou des chemins difficiles à franchir, il arrive parfois que l'on dessèche le fumier au soleil pour en réduire le poids. Cette opération doit se faire à l'époque et au moment de la journée où le soleil est le plus ardent; il faut, en outre, ramasser le fumier lorsque la grande chaleur est passée et le soustraire à l'humidité de la nuit, sauf à l'étaler de nouveau le lendemain, si la dessiccation est incomplète. On le réduit ainsi au tiers ou au quart de son poids, ce qui diminue les frais de transport ; mais cette méthode est impraticable sous les climats pluvieux et pour de grosses masses de fumier. Elle a, d'ailleurs, une bonne part des inconvénients qui résultent de l'évaporation.

Dans quelques contrées de l'Allemagne, on laisse le fumier étendu sur le sol pendant deux ou trois semaines avant de l'enfouir. On prétend que le succès de la première récolte qui suit la fumure est bien plus assuré, et l'on prétend aussi que la perte résultant de l'évaporation est largement compensée par la promptitude de l'action du fumier qui a été soumis aux vicissitudes de l'atmosphère. Cette méthode, qui a de l'analogie avec la fumure en couverture, n'a pas prévalu auprès des cultivateurs français.

Poids du fumier.

On a cherché à se rendre compte du poids du fumier, mais on a reconnu des différences considérables, selon que le fumier est plus ou moins humide, plus ou moins ancien, et selon la manière dont il a été traité. Les évaluations sont comprises entre 560 et 950 kilogrammes par mètre cube. Ce dernier chiffre s'applique au fumier dont la décomposition est très avancée.

Épandage et enfouissement.

En arrivant sur le champ qui doit être fumé, gardez-vous de décharger votre char à une seule place ou de distribuer votre fumier par petits tas et de le laisser en cet état pendant plusieurs jours. Cette pratique a l'inconvénient de produire une fumure inégale et d'engraisser certaines places aux dépens du reste. La preuve en est qu'aux endroits où le fumier a été déposé, la végétation est plus vigoureuse que partout ailleurs. Il est essentiel d'étendre immédiatement le fumier sur toute la surface du champ et de l'enfouir sans retard. Arrangez-vous de manière à recouvrir de terre, dans l'après-midi, ce que vous aurez transporté dans la matinée. S'il n'était pas possible d'enterrer immédiatement le fumier, il faudrait se résoudre à en former, de distance en distance, de petits tas pyramidaux que l'on couvrirait provisoirement de quelques pelletées de terre.

Quantité à employer par hectare.

La quantité ordinairement employée par hectare
varie de 15,000 à 50,000 kilogr. M. Baudrimont (*)
regarde comme indispensables 50 mètres cubes par
hectare lorsque l'on s'en tient au fumier, sans addition d'autres engrais. Mathieu de Dombasle descend à
25,000 et même à 20,000 kilogrammes.

A la Chauvinière, canton de Châteaurenaud, département d'Indre-et-Loire, on donne 15 mètres cubes de
fumier par hectare, soit 10,500 kilogrammes (à raison
de 700 kilogrammes par mètre cube) ; mais on y ajoute
100 kilogrammes de guano du Pérou. Avec cette
fumure, l'hectare rend 20 à 25 hectolitres de froment.

A la ferme-école de Royat, que j'ai eu l'occasion de
vous citer et qui appartient, comme votre contrée, à la
région du Sud-Ouest, on donne 40,000 kilogrammes
par hectare, soit 57 mètres cubes, ou seulement
50 mètres cubes, lorsque le fumier est à demi consommé et très humide. C'est là une bonne fumure
ordinaire ; je doute que beaucoup de cultivateurs puissent y atteindre.

Aux environs de Paris, où la culture est des plus
épuisantes, on porte la fumure jusqu'à 54,000 kilogrammes, soit 70 mètres cubes par hectare.

La fumure la plus commune est de 30,000 kilogrammes à l'hectare, soit 42 mètres cubes à 700 kilogr. Les
cultivateurs de la région du Sud-Ouest ne dépassent
guère 30 mètres cubes par hectare, soit 21,000 kilogr.,
et encore il y a peu de propriétaires en état de donner
cette fumure à leurs terres. Il serait à souhaiter qu'aucun
d'eux ne descendit jamais à 10,000 kilogrammes. C'est
le chiffre le plus bas, et on ne saurait s'y arrêter sans
appauvrir le sol.

Dans une de ses leçons à l'école d'agriculture de
Rouen, M. Girardin, tout en nous disant que 30,000
kilogrammes de fumier bien préparé sont suffisants,

(*) Professeur de chimie à la Faculté des sciences de Bordeaux,
vérificateur en chef des engrais pour le département de la Gironde.

en général , nous a fait remarquer combien il est difficile de rien préciser à cet égard, attendu que la quantité doit nécessairement varier selon la nature du sol et selon l'épuisement où l'ont laissé de précédentes récoltes.

D'habiles cultivateurs sont d'avis de fumer peu à la fois, mais souvent. Ils conseillent, en cas d'insuffisance pour fumer à plein un hectare de terre, de cultiver en lignes et de ne fumer que le rayon où la semence doit être déposée. De cette manière, avec une même quantité d'engrais, on donne directement aux plantes une fumure plus forte qu'elle ne le serait si on fumait la surface entière du champ. Au labour suivant, on trace le nouveau rayon entre les deux rayons de l'année précédente ; on le fume, et la pièce entière se trouve avoir été complétement fumée en deux fois.

Dans tous les cas, quelle que soit la quantité d'engrais dont vous disposez, il est essentiel d'en régler la distribution d'une manière raisonnée. Etudiez votre terrain , faites des essais , d'après lesquels vous fixerez vous-même la quantité que réclament vos champs , et même chacune des parties du sol. Surtout ne perdez pas de vue que 1 hectare bien fumé rapportera plus que 2 hectares mal fumés. Faites-en l'épreuve : fumez 1 hectare seulement avec la même quantité de fumier que vous donnez à 2 hectares , je vous garantis une récolte supérieure d'un tiers ou de la moitié à celle que vous auraient produite vos 2 hectares , sans compter l'économie que vous aurez faite sur les frais de culture.

Vous penserez , peut-être , maître Labisat , que mes recommandations réitérées touchent au radotage : suivez-les cependant, et suspendez votre jugement jusqu'après la récolte.

Je vous ai entretenu jusqu'ici des fumiers en général ; si vous ne vous lassez pas de m'écouter, je vous parlerai, avec quelques détails , dans un prochain entretien, de ceux que l'on obtient des différents animaux de la ferme et de quelques autres dont l'agriculture tire un excellent parti.

SIXIÈME ENTRETIEN

FUMIERS DES ANIMAUX DE LA FERME. — FIENTES
DIVERSES. — LE GUANO.

Le petit domaine de Jean Labisat est admirablement
placé pour offrir un bon exemple des cultures de la
contrée. L'habitation est située sur un coteau d'un
accès facile, d'où la vue saisit à la fois l'ensemble et les
détails de la propriété : « L'œil du maître vaut fumier, »
dit le proverbe. Ici, rien ne peut échapper à sa vigilance : sur le plateau sont les terres labourables ;
au-dessous, des vignes, cultivées en hautains, couvrent
la pente supérieure du coteau ; plus bas est une écha-
lassière qui descend jusqu'à la vallée et dont la lisière
borde une belle prairie traversée par un cours d'eau
rapide qui se prête merveilleusement aux irrigations.
Quelques hectares de landes complètent la propriété ;
le tout est d'un seul tenant : limité, d'un côté, par le
cours d'eau ; d'un autre côté, par le chemin public, et
séparé des héritages voisins par des fossés bordés de
haies-vives bien entretenues qui donnent un certain
cachet d'élégance à cette propriété rustique. En aucun
autre pays, je n'ai vu des haies d'un aspect plus
agréable : tantôt des lauriers, toujours verts, entre-
mêlés de rosiers du Bengale dont la fleur s'épanouit en
hiver, forment une clôture impénétrable ; tantôt des haies
d'épines, plantées sur un seul rang et dont les brins
artistement entrelacés à mesure qu'ils croissent, proté-
gent suffisamment les champs sans les priver d'air et
de lumière.

L'entrée est fermée par une barrière à claire-voie, entre deux pilastres en pierre, contre lesquels s'appuient
des troncs d'arbres formant deux bancs grossiers, qui

permettent au voyageur fatigué ou au promeneur de prendre du repos et de jouir du coup-d'œil d'un paysage délicieux. La première fois que je fis une station à la porte de cette métairie, je retrouvai dans mes souvenirs cette pensée de Fénelon inscrite sur les murs de l'école de mon village : « Un champ fertile et bien cultivé » est le vrai trésor d'une famille assez sage pour vouloir » vivre frugalement. »

Maître Labisat nourrit un bétail qui, à l'aide de prairies artificielles, pourrait être plus nombreux : le père Pratique se proposait de lui en toucher un mot, mais *chaque chose à son temps*, disait-il. Il n'était pas de ces gens dont le zèle ardent veut tout réformer en un jour : lui, au contraire, examinait les choses avec calme et ne faisait ou ne proposait des innovations qu'après avoir acquis la certitude qu'en faisant autrement on ferait mieux. Si les entreprises agricoles, petites ou grandes, étaient toujours conduites avec cette prudence, il y aurait moins de déceptions et de mécomptes qui, en définitive, découragent les amis de l'agriculture et arrêtent le progrès.

Maître Labisat a vingt-cinq vaches et des élèves, deux bonnes paires de bœufs, deux juments poulinières, trois truies et des porcs à l'engraissement ; sa basse-cour est convenablement pourvue de poules, de canards et d'oies ; enfin, ses volières sont peuplées de pigeons. Il n'a pas de moutons, mais, pendant l'hiver, il donne l'hospitalité à des troupeaux que la neige chasse de la montagne : il profite ainsi du pacage et du fumier de la bergerie ; de plus, il engraisse quelques élèves que lui laissent les pasteurs au moment du départ.

Évaluation du rendement en fumier.

Après avoir passé la revue du bétail, le père Pratique, se retournant vers le propriétaire, lui dit : — Vous êtes-vous jamais rendu compte, maître Labisat, de la somme de fumiers que vous donnent ces animaux ?

— Ma foi non, père Pratique ; je ramasse tout cela comme vous l'avez vu. Lorsque j'en ai besoin, je puise au tas tant qu'il y en a : j'ai à peu près ce qu'il me faut pour fumer comme on le fait ici de père en fils : mais vos conseils ne seront pas perdus, je vous assure; veuillez donc ne pas me les ménager.

— Eh bien! maître Labisat, je vais vous donner le moyen de savoir à quoi vous en tenir sur le rendement de chaque animal : cela me conduira à vous parler de la nature et des qualités propres aux divers fumiers que vous recueillez.

Il n'est pas facile d'évaluer exactement le produit des animaux, car on en perd une notable partie lorsqu'ils travaillent ou lorsqu'ils vont aux champs. Tout n'est pas perdu, sans doute, pendant qu'ils sont à la pâture; mais les déjections déposées ainsi au hasard ne portent pas autant de profit que celles de l'étable. Il en résulte que le rendement n'est pas le même pour les bêtes de travail et pour les animaux de rente: il varie, en outre, selon la nature de l'alimentation et selon le poids de l'animal : « *Petit cheval, petite journée,* » dit le proverbe: j'ajouterai *petit fumier*.

D'après M. Boussingault, pour estimer approximativement, mais avec une exactitude suffisante, la production du fumier dans une exploitation rurale, on doit tenir note du poids des fourrages secs entrés dans les étables et du poids de la paille donnée en litière : on additionne ces deux quantités, on double la somme de cette addition et le chiffre donné par cette dernière opération est celui du poids total du fumier.

Nous allons appliquer cette règle à quelques exemples.

Fumier de cheval.

Le cheval aurait besoin d'une litière sèche égale ou presque égale en poids au fourrage qu'il consomme; cependant, on ne lui donne, en général, que 2 kilogr. de paille chaque jour, bien qu'il reçoive, en foin et en paille pour nourriture, l'équivalent de 20 kilogrammes.

D'après la règle ci-dessus, il faudrait additionner ces deux quantités : 2 kilog. de paille en litière et 20 kilog. de nourriture (soit 22 kilogrammes), doubler ce dernier chiffre pour tenir compte des déjections solides et liquides (soit 44 kilogrammes), ce qui donnerait par an

16,060 kilogrammes, ou 22 à 23 mètres cubes de fumier par cheval. Cette évaluation me semble forcée, car M. Boussingault lui-même, qui a fait, dans d'autres circonstances, des expériences sur un cheval d'attelage de moyenne taille, a trouvé qu'il produisait par an 10,000 à 10,300 kilogrammes, soit de 14 à 15 mètres cubes. Un autre savant, le docteur Sacc (*), n'arrive même pas à un chiffre aussi élevé : il n'estime qu'à 5,300 kilogrammes la production moyenne du cheval par année, soit 7 à 8 mètres cubes.

Il faut avoir égard, en outre, à la réduction résultant de l'attelage ; elle n'est pas inférieure, dit-on, aux deux tiers de la production totale pour les chevaux qui travaillent la plus grande partie de la journée.

Le fumier de cheval fermente facilement lorsqu'il est humide : si on veut le conserver isolément, il demande des soins particuliers. Vous n'avez pas oublié, sans doute, les indications que je vous ai données pour modérer la fermentation : ce sera le cas de les appliquer. Ce fumier, alors surtout que l'animal est nourri avec des grains, est plus actif, plus chaud que le fumier d'étable : il convient aux terres humides, froides, glaiseuses. On l'emploie, de préférence, à l'état frais, parce que la fermentation, lorsqu'elle se prolonge, lui fait perdre une portion notable de ses principes fertilisants. Après quatre mois, cette perte est égale, dit-on, à la moitié du poids de la matière sèche qu'il contenait avant la fermentation ; aussi les cultivateurs l'estiment moins que le fumier d'étable. Quand il a été bien préparé, c'est-à-dire lorsqu'il n'a pas été abandonné à toutes les intempéries des saisons, lorsqu'il a été arrosé modérément, il est le premier des fumiers, au dire d'agronomes dont l'opinion est d'une grande autorité.

M. Malaguti assure que 20,000 kilogrammes de ce fumier, quand il n'a pas été négligé, fertilisent 1 hectare de terre aussi bien que 35 à 38,000 kilogrammes de fumier d'étable. Sur le domaine impérial des landes de

____

(*) Professeur de chimie agricole à la Faculté des sciences de Neufchâtel, en Suisse.

Gascogne, 30 mètres cubes de fumier de cheval, soit 21 à 22,000 kilogrammes par hectare, ont été appliqués, avec un plein succès, à la création de prairies naturelles, après le nettoyage du sol, l'arrachage des racines, des tiges ligneuses et un chaulage.

En mélangeant le fumier de porc avec celui des chevaux, l'humidité surabondante des premiers tempère l'extrême sécheresse du second, et tous deux réunis sont d'un excellent effet.

En Alsace, un agriculteur de ma connaissance qui reçoit les fumiers d'une caserne de cavalerie où il y a 200 chevaux, a trouvé le moyen de convertir ces fumiers, dans l'espace de deux ou trois mois, en un engrais aussi gras que celui des bêtes bovines et d'une énergie remarquable. Pour cela, à mesure que la meule s'élève, il y répand du sulfate de fer dissous dans la purinière, ou du plâtre en poudre qu'il arrose souvent et abondamment. Cette méthode est très ancienne en Suisse.

Fumier des bêtes à cornes.

Les bêtes bovines exigent plus de litière que les chevaux : on leur en donne généralement 4 à 5 kilogr. chaque jour. On augmente la dose quand l'animal est au régime vert. Dans les fermes où la paille est abondante, on ne la ménage pas afin d'avoir plus de fumier. Gardez-vous cependant d'augmenter la quantité aux dépens de la qualité.

On a calculé qu'une vache, qui a consommé 7 kilogr. de foin et 16 kilogr. d'aliments verts, a rendu près de 42 kilogr. d'excréments solides et liquides en vingt-quatre heures, soit 15,330 kilogrammes par an ou 21 à 22 mètres cubes. M. Boussingault n'élève pas aussi haut le produit : il estime qu'une vache laitière, n'allant pas au pâturage, donne par an de 10,000 à 13,500 kilog. ou 15 à 20 mètres cubes. Cependant, à la ferme impériale de Fouilleuse, près de Paris, le système de stabulation aurait donné, dit-on, 30 ou 40,000 kilogrammes.

La vache qui passe la journée au pâturage ne donne tout au plus que 11,000 kilogr., d'après les calculs de M. Girardin.

Les bœufs de travail reçoivent une ration plus considérable : elle est de 42 kilogrammes par jour. Si vous y ajoutez 3 kilogrammes de litière et que vous doubliez la somme, vous arrivez à 90 kilogrammes pour le poids du fumier quotidien, soit 32,850 kilogrammes, ou 46 à 47 mètres cubes par an ; mais on réduit la production journalière à 35 kilogrammes, à cause de la déperdition qui se fait pendant la durée du travail : il en résulte que le poids annuel du fumier ne dépasserait pas 25,550 kilogrammes, ou de 36 à 37 mètres cubes.

Dans la pratique, on ne compte pas sur une production aussi considérable : on l'évalue seulement à 10 ou 15 mètres cubes par tête de gros bétail et par an. L'on estime que la déperdition résultant des attelages se réduit à peu de chose lorsque les animaux travaillent sur la propriété.

Le fumier des élèves a moins de valeur que celui des bêtes adultes. Pour les uns, comme pour les autres, la quotité du fumier obtenu est toujours en rapport avec les aliments et au moins du double en poids de la quantité de la nourriture.

Je vous ai parlé, maître Labisat, de la déperdition d'une notable partie des déjections des animaux par l'effet du pacage ; voici comment on atténue cette perte sur le domaine de Canisy, département de la Manche. Les vaches pâturent au piquet ; un enfant ramasse les bouses et les porte à un baquet que l'on vide, à la fin de la journée, dans la purinière. Les déjections de vingt à vingt-cinq vaches, ramassées à la pelle, donnent, dit-on, par jour 1 mètre cube d'engrais, qui ne revient pas à plus de 80 centimes. Cette quantité me paraît considérable, car elle serait, pour chaque vache, de 14 mètres cubes par an, c'est-à-dire qu'elle serait égale à celle que l'on obtient à l'étable, où l'on recueille à la fois les liquides et les solides. Quoi qu'il en soit, l'engrais que l'on ramasse ainsi forme, au bout de la journée, une masse assez forte pour mériter les soins du cultivateur.

Le fumier d'étable conserve son action pendant trois ans sur les terrains frais, à moins qu'on ne demande au

sol une double récolte. Dans ce cas, les principes fertilisants s'épuisent en une année.

Fumier de porc.

Les porcs auraient besoin d'une grande quantité de
litière, parce que leurs excréments sont plus liquides
que ceux des autres animaux ; cependant, on ne leur
donne guère que 2 kilogrammes de litière par jour. Un
porc produit environ 5 kilogrammes de fumier en vingt-
quatre heures, ou 1,500 kilogrammes, un peu plus de
2 mètres cubes, pendant son engraissement. M. Boussingault estime que cet animal ne rend, en moyenne,
que 800 à 1,000 kilogrammes par année, c'est-à-dire
un peu plus de 1 mètre cube. Ce produit peut s'élever à
4 mètres cubes quand le porc reste renfermé, car un
animal donne d'autant plus de fumier qu'il est mieux
nourri : cette circonstance explique l'accroissement de
la quantité pendant la période de l'engraissement.

On n'est pas d'accord sur la valeur du fumier de
porc : les uns le regardent comme le plus faible des
engrais, et d'autres, notamment en Angleterre, comme
le plus énergique : il est vrai que les Anglais nourris-
sent leurs porcs avec plus de soins qu'on ne le fait
généralement. Le porc qui reçoit des pommes de terre,
des glands, des grains tels que du maïs, en plus forte
proportion que des aliments aqueux, donne un fumier
supérieur à celui des vaches ; mais c'est là l'exception.
Aussi, il vaut mieux mélanger le fumier de la porcherie
avec les autres fumiers et particulièrement avec celui
du cheval. En effet, le porc mange avec avidité ; il
engloutit des graines qui reparaissent intactes dans ses
déjections et qui avortent sous l'influence de la chaleur
du fumier de cheval. On n'est donc pas exposé à
transporter dans les champs des semences nuisibles
aux récoltes.

Fumier d'âne.

Olivier de Serres nous rappelle que les anciens
faisaient grand cas du fumier de l'âne ; ils le regar-
daient comme le meilleur des fumiers pour les jardins.

Serviteur sobre, peu exigeant pour les soins, doux et patient quand on ne le maltraite. pas, l'âne rend au pauvre les services que le cheval rend au riche. Comme il mange lentement, il digère les aliments les plus grossiers, et ses déjections ont les qualités d'un fumier tout préparé, exempt de mauvaises graines et se réduisant facilement en terreau. La production en est limitée à cause du petit nombre d'ânes entretenus sur les exploitations rurales. On en compte cependant 10 à 11,000 dans le département des Basses-Pyrénées.

Fumier des bêtes à laine.

Pendant une partie de l'année, le fumier des bêtes à laine profite directement aux terres par le moyen du parcage : on épargne ainsi du travail et le charroi de la fumure. Cet avantage est sensible lorsque les champs sont éloignés et les chemins difficiles. Un mouton au parc fume, dans une nuit, de 1 m. à 1 m. 30 cent. de superficie. Pour l'établissement d'un parc, on compte 1 mètre carré par bête : cette fumure agit rapidement; son action se manifeste surtout la première année. La causticité des urines que l'animal dépose sur le sol détruit beaucoup de graines nuisibles. Le fumier des bêtes à laine convient aux terres argileuses et froides : la navette, le colza, le chou, le tabac, le chanvre s'en trouvent bien. Il n'en est pas de même du lin, de la betterave, de l'orge et du blé. Le parcage réussit mieux sur les terres légères que sur les terres fortes.

A la bergerie, le mouton reçoit, par jour, 225 grammes de paille de froment pour litière : il rend, par année, selon M. Boussingault, 350 à 500 kilogrammes de fumier. On estime que cent moutons bien nourris donnent au moins cinquante voitures de fumier dans l'année, équivalant à cinquante voitures de tout autre fumier. D'après d'autres calculs, dix moutons produisent 3 à 4 mètres cubes par an.

On peut, sans inconvénient, ne lever le fumier des bergeries que deux ou trois fois par an. La fermentation, lorsqu'il est mis en meule, a peu d'activité; il est bon d'y veiller et d'arroser le tas de temps en temps.

Il en est de même du fumier de chèvres.

Dans les grandes bergeries du Midi et de quelques autres contrées, on balaie tous les jours les crottins imprégnés d'urines ; on les met en tas, et on les vend, à la mesure , à des cultivateurs qui les emploient sans aucune préparation. L'hectolitre, du poids de 70 kilog., vaut ordinairement de 1 à 2 fr. Dans le département de Maine-et-Loire, il se vend de 3 à 4 fr Nous n'avons pas comme vous, maître Labisat, la ressource d'envoyer nos moutons, pendant six mois, dans la montagne ; aussi nous en élevons beaucoup moins que vous. Les troupeaux auxquels vous donnez une hospitalité passagère, pendant l'hiver, vous laissent en fumier une valeur qui paie bien leur loyer : c'est encore une ressource qui nous manque, sans compter la vente au pasteur des herbages de votre fonds et souvent de la partie la plus ingrate.

— De tous les fumiers dont vous venez de me parler, père Pratique , voudriez-vous bien me dire quel est le meilleur, à votre sens ?

— En les classant selon la puissance de leur action, maître Labisat, la fiente des moutons occupe le premier rang, le crottin de cheval vient ensuite , puis la bouse de vache ou de bœuf et, enfin , au dernier rang, la fiente de porc.

Fumiers de lapins.

— Vous ne me parlez point des lapins, père Pratique ?

— En effet, maître Labisat, ils ne sont pas compris dans mon énumération : je me réservais de vous en dire deux mots à propos des fumiers de basse-cour ; mais, puisque ce sont des herbivores, c'est-à-dire des animaux vivant d'herbes, je ne vois pas pourquoi ils ne prendraient pas rang à la suite du bétail qui se nourrit comme eux , car il est à remarquer que la vache s'accommode de toutes les herbes qui conviennent au lapin.

Les lapins domestiques sont en trop petit nombre pour que l'on ait cherché à connaître ce qu'ils rendent en fumier. Cependant, lorsqu'on a soin de renouveler souvent leur litière, afin de les tenir au sec, ce qui est indispensable pour les préserver de maladies auxquelles ils sont sujets dans les deux premiers mois de leur existence, le produit ne laisse pas d'être à considérer. On prétend que dix lapins mangent autant qu'une vache ; dans ce cas, ils devraient rendre une somme de fumier égale au produit d'une vache. Cette assertion est certainement très exagérée : j'ai eu dans mon clapier jusqu'à trente-cinq lapins à la fois, gros et petits. Les plus forts, qui appartenaient à la grande espèce, ont pesé jusqu'à 7 kilogrammes, et je ne me suis pas aperçu que leur fumier eût un volume comparable même à celui d'une seule vache. Quoi qu'il en soit, on élève trop peu de lapins, je le dis à regret, car la chair de ce petit animal est saine; elle convient à tous les estomacs : elle n'est ni lourde ni échauffante, comme la viande de porc qui est la base de l'alimentation dans les campagnes. Le lapin multiplie prodigieusement; sa croissance est rapide, surtout dans la petite espèce : il se nourrit à peu de frais et consomme des épluchures de légumes que l'on ne donnerait pas à la vache ; on l'engraisse en peu de temps avec des pommes de terre cuites à l'eau et saupoudrées de son. En un mot, le lapin est d'une grande ressource dans les campagnes, où la viande de boucherie manque la plupart du temps. Ayez-en toujours quelques-uns : ce sera le bétail de vos enfants, qui se plairont à les panser, et la consolation de la ménagère lorsque les approvisionnements viendront à diminuer ou lorsqu'elle voudra varier la nourriture des habitants de la maison.

Fumiers de basse-cour. — Fientes d'oiseaux.

Passons maintenant à la basse-cour : nous allons voir le parti que vous pouvez tirer des fientes de vos poules, de vos pigeons et des autres oiseaux qui la peuplent. Bien que ces fientes n'aient pas l'importance des déjections du bétail, en raison de la faible quantité que l'on en recueille, leur énergie et la promptitude de leurs effets leur assignent une des premières places dans la classe des engrais animaux.

Fientes de poules.

La fiente de poule, que l'on appelle aussi *poulaille, poulaite* ou *poulenée*, s'emploie à l'état pulvérulent, soit avec les semences, soit sur les semences. Elle convient principalement aux terrains froids, humides et compactes. La dose appliquée par hectare varie entre 1,000 et 2,500 kilogrammes : sur les trèfles, elle a plus d'action que le plâtre et la cendre. On en obtient également de bons effets sur l'orge, les céréales, le lin, le chanvre et les plantes potagères. Pour la répandre, il faut choisir un temps pluvieux et calme ; par une sécheresse prolongée, elle brûlerait les semences et les plantes.

Les fientes de poule ont moins d'énergie que celles des pigeons : cependant, on ne doit les employer qu'après qu'elles ont jeté leur feu. Pour cela, on écrase les grumeaux, et on en forme, en lieu sec, des tas que l'on remue de temps en temps. D'habiles chimistes assurent qu'il est préférable de les employer avant la fermentation.

Habituellement, on mêle ces fientes aux fumiers : aussi il serait à souhaiter que le cultivateur prît l'habitude de vider le poulailler assez souvent pour répartir la fiente de poule à peu près également entre les diverses couches, à mesure que la meule s'élève.

Il est, d'ailleurs, nécessaire de nettoyer souvent le poulailler pour préserver les poules d'une vermine qui nuit à leur santé et arrête la ponte des œufs.

Chez moi, les poules se plaisent, surtout pendant les chaleurs de l'été, à l'ombre des mûriers qui sont auprès de la plate-forme aux fumiers ; elles se montrent très avides des mûres à l'époque de leur maturité et vont les chercher jusque dans l'arbre. Les fientes, que je relève trois ou quatre fois par an, entrent dans la composition des terriers destinés à la vigne. Elles sont d'un puissant effet en mélange avec les engrais liquides : pour les utiliser sous cette forme, il suffit de les verser dans la purinière. On peut, enfin, les mêler, dans la proportion d'un quart ou d'un cinquième, avec de la terre franche ou du terreau pour former une sorte de compost pulvérulent d'un emploi commode et avantageux.

Fiente de pigeons ou colombine.

La fiente des pigeons ou colombine est un engrais plus chaud, plus actif que la fiente des poules ; aussi il faut en user avec prudence : elle convient à toutes les cultures.

Du temps d'Olivier de Serres, cet engrais était déjà fort recherché : on donnait une mesure d'orge pour une mesure de fiente de pigeons. Aujourd'hui encore il est très estimé.

Dans les départements du Nord, le produit d'un pigeonnier, où l'on compte de six à sept cents pigeons, se loue jusqu'à 100 fr. par an. On en retire une voiture de colombine qui suffit pour 1 hectare.

« Dans le pays de Caux, en Normandie, cent pigeons, nous dit M. Girardin, fournissent annuellement 810 à 972 litres de colombine. » Il ajoute : « que la fumure de 1 hectare avec cet engrais revient à 125 ou 200 fr. »

En Flandre, c'est à la colombine, employée à la dose de 2,000 à 2,500 kilogrammes par hectare, que l'on doit les plus belles récoltes de lin. On dit que cette fumure, appliquée à la même dose sur un hectare en blé, équivaut à 30,000 kilogrammes de fumier.

La colombine se prépare et s'emploie de la même manière que la fiente de poule.

Pour augmenter la masse de cet engrais, M. Girardin conseille de répandre dans les poulaillers et dans les pigeonniers les débris du tissage du chanvre et ceux du lin, des balles d'avoine, des sciures de bois, de la terre ou du sable. On ne le pourrait faire qu'autant que l'on réserverait ces produits pour son propre usage, car, si on voulait vendre la colombine, il faudrait nécessairement qu'elle fût pure de tout mélange.

Ces fientes sont ordinairement mêlées d'une multitude de débris de plumes qui ajoutent à la richesse de l'engrais. Les graines qui se trouvent en grande quantité dans les fientes de pigeons disparaissent complétement par l'effet de la pourriture, lorsque ces fientes ont été jetées dans la fosse à purin.

Dix parties de terre contre une de colombine, disposées par couches alternatives sous un hangar, forment un terreau d'un puissant effet, après deux ou trois mois de repos. On le retourne deux fois avant de l'employer.

Fientes d'oies.

Les fientes d'oies sont regardées généralement comme un engrais très froid et de peu de valeur. On croit même qu'elles sont plus nuisibles qu'utiles, car les plantes qui les reçoivent, dans le parcours libre de ces oiseaux, se flétrissent et ne tardent pas à périr. On a remarqué, en outre, que les animaux refusent les herbes des prés sur lesquels les oies ont pâturé ; mais, comme ces fientes abondent en parties salines, leurs effets sont analogues à ceux que produiraient la colombine, la poudrette, la chaux, si on les employait sans mesure. Pour modérer l'action de la fiente d'oie, il suffit de la mêler à d'autres engrais, ou de la délayer, soit dans l'eau, soit dans le purin, et de la faire servir à l'arrosement de la meule du fumier.

Dans le département de Maine-et-Loire, j'ai vu ramasser ces fientes une à une, par des femmes et des enfants, sur les terrains communaux de Briolay et de Tiercé, arrondissement d'Angers. Elles se vendaient un prix très élevé : c'est le meilleur engrais, dit-on, pour les figuiers, les asperges, les fraisiers et les fleurs.

Fiente de chauve-souris.

D'autres fientes d'oiseaux ont aussi leur emploi dans l'agriculture : telles sont celles de chauve-souris. On trouve, en France, un grand nombre de grottes qui en renferment des dépôts considérables, notamment dans les départements de la Haute-Saône, près de Vesoul ; de Saône-et-Loire, du Jura, du Doubs, etc. Un de mes amis a signalé un dépôt de ce genre dans la grotte d'Espalungue, près de Louvie, département des Basses-Pyrénées. Il y en a également dans une caverne connue sous le nom de Baume-Ponterri, près de Draguignan, département du Var. Ce sont, jusqu'à ce jour, des valeurs à peu près inexploitées.

Dans le département de l'Yonne, la grotte d'Arcy-sur-Cure, près d'Auxerre, fournit une quantité considérable d'excréments de chauve-souris que l'on utilise comme engrais. On en a découvert aussi en Algérie et dans plusieurs grottes des environs de Sassari, en Sardaigne.

En résumé, bien que la poulaille, la colombine et les autres fientes dont je viens de vous parler soient trop peu abondantes pour tenir une place considérable parmi les matières fertilisantes, il ne faut pas les négliger en raison de leur énergie sous un petit volume. Elles sont recherchées, dans le Midi, par les jardiniers, et en Flandre pour la culture du lin, ou pour donner plus d'activité aux engrais liquides.

Il existe une autre substance qui a la plus grande analogie avec ces fientes : on l'appelle le guano.

Fientes d'oiseaux de mer. — Le guano.

L'énumération des engrais que nous devons aux oiseaux ne serait pas complète si je passais sous silence les fientes des oiseaux de mer connues sous le nom de guano : ce sont les plus abondantes de toutes et celles qui ont le plus de valeur au point de vue qui nous occupe. Il est vrai que le guano n'appartient pas à nos contrées, qu'il faut même aller le chercher au delà des mers ; mais, comme son emploi tend à se généraliser en France, vous ne serez pas fâché, sans doute, de savoir à quoi vous en tenir sur cette riche substance.

Un ingénieur français, nommé Frégier (j'aime à répéter les noms des hommes auxquels nous devons des découvertes utiles), a signalé le premier, dans la relation de son voyage sur les côtes du Chili et du Pérou, en 1712, 1713 et 1714, l'existence de gisements du guano exploités, disait-il, depuis un temps immémorial, par les habitants du littoral de l'océan Pacifique. Cette découverte passa inaperçue en Europe ; les esprits n'étaient pas alors tournés vers les choses de l'agriculture, et la mort de Louis XIV (*) laissait, pour longtemps encore, l'esprit français dans des préoccupations bien différentes. Plus tard, au commencement de ce siècle, M. Alexandre de Humboldt, à son retour d'un voyage en Amérique, appela l'attention des agriculteurs sur cette source de richesse qui, depuis l'année 1841, donne lieu à un trafic immense.

Nature du guano.

Le guano est composé de fientes d'oiseaux de mer qui, depuis les premiers âges du monde, se retirent sur certains îlots de la mer du Sud. Si l'on en croit les récits des voyageurs, le nombre de ces oiseaux est tellement prodigieux que leur vol obscurcit l'éclat du soleil et arrête la marche des navires. La masse de fientes qu'ils ont déposées et qu'ils entretiennent par leur présence est telle que l'imagination a peine à le concevoir. On a calculé que, dans la supposition où le sol de ces îles aurait été complétement couvert des oiseaux dont il s'agit pendant dix-huit siècles seulement, la couche de fiente n'arriverait qu'à une épaisseur de 55 à 75 centimètres; or, il y a des couches de 20 mètres et même de 50 mètres de profondeur! Quelles que soient les conjectures à cet égard, la science a démontré d'une façon incontestable que le guano est de la fiente d'oiseaux de mer, tels que les pingouins, les pélicans, les hérons, les cormorans, les flamants et d'autres oiseaux antédiluviens dont l'espèce a disparu.

Vous avez, sans doute, vu du guano, maître Labisat?

— Oui, père Pratique. Un de mes voisins, qui en a acheté deux années de suite, m'en a donné quelques poignées, que j'ai mises sur les légumes de mon jardin. Il a renoncé à en prendre, parce que le second, n'étant pas pareil au premier, il a craint d'être trompé. Le premier était de couleur brune : il avait l'odeur de la fiente de poule fermentée; l'autre avait une couleur orangée, et il sentait le musc. On l'aurait pris pour de l'argile mélangée de terre et parfumée artificiellement.

(*) Le 1er septembre 1715.

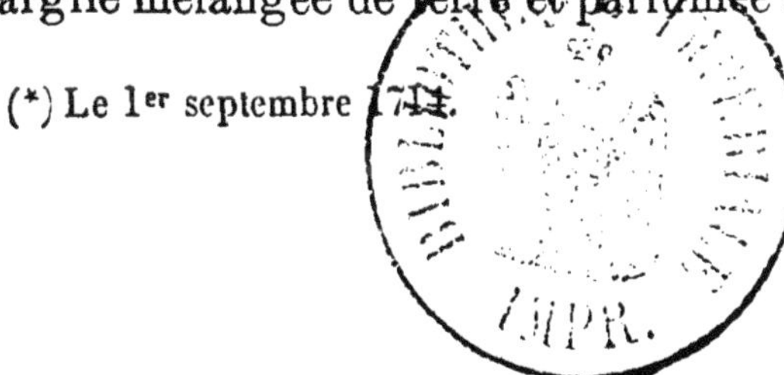

Choix du guano.

— Il faut, maître Labisat, y regarder de près pour n'être pas trompé, car cette marchandise, se vendant très cher, donne lieu à des fraudes nombreuses. On la contrefait ou on l'altère avec de la sciure de bois, des tourteaux en poudre, de la marne, de l'argile, de la brique pilée, etc., etc.

« Le bon guano, dit M. Baudrimont, est ordinairement couleur café au lait : s'il est gris de teinte, il est terreux ; s'il est brun ou couleur de bistre, il renferme une trop forte proportion d'eau ; il a une saveur salée, piquante et caustique ; son odeur est fortement ammoniacale quand il est humide ; il est onctueux au toucher, souvent il forme de petits grains ; il est pelotonné : les pelotons rompus offrent ordinairement une cassure brillante comme du cristal.

» Le guano de qualité inférieure est terreux, pulvérulent ; il renferme des pierres, du gravier, etc.

» Une petite pincée d'un bon guano placée sur une pelle que l'on rougit au feu se boursouffle beaucoup, brûle avec une longue flamme et laisse un résidu charbonneux assez considérable.

» Lorsqu'il est brûlé complétement, sa cendre doit être légère et d'un blanc perle : si elle est rouge ou colorée, c'est qu'on y a ajouté de la terre ou des substances contenant de l'oxyde de fer. 100 grammes de guano pur laissent 30 à 35 grammes de cendres ; vous en aurez davantage si le guano est altéré. »

J'ajouterai à ces instructions que, si vous voulez acheter du guano, il faut vous adresser à une maison de commerce connue et vendant avec garantie de provenance et de qualité.

Celui que l'on vous a donné et que vous venez de me dépeindre pouvait être pur ; cependant, le guano de couleur brune est de meilleure qualité que le guano de couleur orangée. Il y en a aussi une espèce de couleur chocolat, parsemé de taches blanches : celui-là vient des côtes de l'Afrique ; il s'y trouve des débris de plantes décomposées, des plumes, des fragments de coquilles et d'os de poissons : il ne vaut pas celui du Pérou.

— Veuillez me dire, père Pratique, comment on emploie le guano.

Mode d'emploi du guano.

— Le guano s'emploie à l'état pulvérulent et assez généralement en mélange avec deux, trois ou même quatre fois son poids de terre passée à la claie et bien sèche. Ce mélange doit se faire en plein air, à cause de l'odeur très forte qui est propre au guano. On le répand à la main, soit au moment des semailles, soit quinze ou vingt jours auparavant, et on l'enterre à la herse, ou plutôt on le mêle, par un fort hersage, à la couche supérieure du sol aussitôt après l'avoir répandu. Cette dernière méthode prévaut généralement ; cependant, quelques personnes prétendent que, dans les terres légères, il est préférable de l'enterrer profondément ; son action, disent-ils, est plus énergique et se fait sentir d'une manière plus durable surtout dans les années de sécheresse. D'autres conseillent de le répandre dans les rayons, afin de le mettre en contact plus direct avec les semences. Il ne faut, toutefois, le répandre ni sur les semences, ni en même temps qu'elles, car c'est un engrais tellement chaud qu'il brûlerait les germes. Il n'y a que les pommes de terre qui puissent sans inconvénients être enterrées avec lui. Sur les prairies, on le projette au printemps, après la première coupe ; pour les céréales, les cultivateurs qui en font un usage habituel en enterrent la moitié à l'automne, et gardent l'autre moitié pour saupoudrer, au printemps, les plantes en végétation. Ces diverses opérations doivent se faire par un temps calme et sec.

Quand on l'applique à des plantes déjà développées, on peut l'employer, soit pur, soit en mélange avec de la terre, dans les proportions que je vous ai indiquées, ou avec des cendres ou du sable bien secs. Un de ses avantages essentiels, c'est de se dissoudre dans l'eau et de pouvoir servir à des arrosages répétés, selon les besoins de la végétation.

Il faut avoir soin de tenir le guano à l'abri de l'humidité jusqu'au moment où on en fait usage.

Le guano absorbe l'humidité de l'air et entretient la fraîcheur du sol. Au Pérou, où il pleut rarement, on ne connaît pas d'autre moyen de fumer les terres. Voici comment M. Boussingault l'a vu appliquer dans ce pays à la culture du maïs et de la pomme de terre. Lorsque le plant commence à sortir de terre, on creuse autour de chaque pied un petit bassin circulaire, dans lequel on dépose le guano en évitant de le mettre en contact avec la plante; puis on le recouvre de terre. Douze ou quinze heures après, on inonde le champ en ouvrant des canaux d'irrigation, et on le laisse sous l'eau durant quelques heures : les effets de cet engrais sont tellement rapides qu'en peu de jours la plante double de volume. On renouvelle cette fumure lorsque la végétation est plus avancée, mais avec une moindre quantité de guano. La dose donnée à 1 hectare, en deux fois, équivaut à 300 ou 400 kilogrammes.

Cultures auxquelles convient le guano.

En France, on a fait l'essai du guano sur toutes sortes de cultures : il paraît convenir particulièrement aux prairies et aux récoltes racines ; sur les prairies, il agit très activement dès la première année, et son effet est sensible encore l'année suivante. Dans les landes de Gascogne, le guano, appliqué au printemps sur les prairies du domaine impérial, a produit des résultats exceptionnels. Sur les céréales d'automne et de printemps, il n'a d'effet que la première année. En général, si on l'applique à des doses modérées, il faut le renouveler après chaque récolte.

— Cet engrais étant d'un prix fort élevé, d'après ce que vous m'avez dit, père Pratique, il importe de savoir à quelle dose on doit l'employer, afin de se rendre compte de la dépense qui en résultera.

— C'est assurément une des choses les plus essentielles, maître Labisat; aussi je vais entrer à cet égard dans quelques détails qui me semblent nécessaires pour répondre à votre question.

Doses auxquelles on peut employer le guano.

On n'est pas d'accord sur la quantité de guano à employer par hectare, car, dans les applications diverses que j'en ai vu faire, je trouve des différences considérables. Ainsi, certains cultivateurs se louent d'avoir répandu 150 kilogrammes de guano, à la suite d'une demi-fumure ordinaire; d'autres, avec 200 kilogr. par hectare, ont produit des effets surprenants sur un froment, sur une luzerne et sur un pré. En Sologne, il a été appliqué avec un plein succès, sur défrichement d'un sol sablonneux, à la dose de 200 kilogrammes par hectare, concurremment avec 4 à 5 hectolitres de noir animal.

Dans le département de la Creuse, un cultivateur, qui a employé, comparativement, sur du seigle, 300 kilogrammes de guano à l'hectare et 40 mètres cubes de fumier, a triplé sa récolte sur le champ qui avait reçu le guano.

Un propriétaire du département de l'Aisne obtient le plus grand succès, de 300 kilogrammes semés sur céréales, dans un terrain argilo-siliceux, qui a été marné quelques années auparavant.

Ces chiffres sont dépassés à la ferme-modèle de Rennes. La récolte de blé, qui était déjà de 30 hectolitres par hectare, a été portée à 52 hectolitres, avec 1,000 kilogrammes de guano.

On a remarqué, à cette occasion, que cet engrais favorisait surtout le développement de la paille.

Il ne faudrait pas cependant porter à l'excès les fumures de ce genre : on serait exposé à la verse, et, au prix où s'est élevé le guano, le rendement pourrait n'être pas en rapport avec la dépense. 2 à 300 kilogr. pour les prairies et les céréales, 4 ou 500 kilogr. pour les betteraves, les navets, le chanvre, le tabac, le colza sont suffisants.

Les Anglais emploient le guano à la dose de 500 kilog. sur les betteraves. Ils le répandent quinze jours avant les semailles et l'enterrent à la herse, selon le procédé dont je vous ai parlé.

Sur les plantes repiquées, telles que les choux, les rutabagas, les betteraves, les laitues, il n'en faut qu'une pincée pour ne pas brûler la plante.

Un agriculteur du département du Puy-de-Dôme recommande, d'après sa propre expérience, de réserver le guano pour les récoltes dérobées ou intermédiaires.

Au domaine de Canisy, que j'ai déjà eu l'occasion de vous citer, on emploie le guano, comme supplément, sur les plantes sarclées et sur les céréales en souffrance au printemps.

On prétend que 400 kilogrammes de guano équivalent à 30,000 kilogr. de fumier, mais cette évaluation est contestée : on croit être plus près de la vérité en disant qu'ils sont l'équivalent de 12,000 à 14,000 kilog. de bon fumier de ferme.

Guano mêlé au plâtre.

Pour rendre l'action du guano plus durable, M. Girardin conseille de l'associer au plâtre réduit en poudre, en proportions égales. Il a obtenu de 200 kilogrammes de guano mélangés avec 200 kilogrammes de plâtre, des résultats magnifiques sur des prés secs. Il est convaincu qu'il en serait de même sur toutes les autres récoltes. Si le fait était constaté, ce mélange aurait encore un autre avantage important : il réduirait notablement la dépense.

Guano mêlé au poussier de charbon.

En Angleterre, on le mélange avec du poussier de charbon, dans la proportion (en poids) de quatre cinquièmes de guano et d'un cinquième de charbon ; on assure que 200 ou 250 kilogrammes de ce mélange pour 1 hectare de terre à blé donnent, la seconde année, une récolte à peu près égale à celle de la première année. M. Girardin trouve cette dose trop faible : il estime qu'il faut la porter à 350 ou 400 kilogrammes, si l'on n'emploie pas d'autres engrais. Pour mon compte, j'estime qu'il vaut mieux n'en point forcer la dose et donner un supplément en bon fumier de ferme.

Objections contre l'emploi du guano.

— Dans les recommandations que vous m'avez adressées, père Pratique, au sujet de l'emploi du guano, vous avez prévu le cas où il brûlerait les plantes. J'ai entendu dire, en effet, que son emploi n'était pas sans danger et qu'il épuisait les terres : il ne leur procurerait donc qu'une fécondité passagère et ruineuse.

— Maître Labisat, voilà une accusation grave : l'expérience ne l'a pas confirmée. Certaines personnes en auront mis une pelletée là où il n'en fallait qu'une poignée ; elles l'auront mis en contact avec la plante, au lieu de le placer à distance ; puis, voyant les plantes se dessécher et périr, ce qui était inévitable, comme vous devez le comprendre, d'après les explications que je vous ai données, elles en ont conclu d'une manière absolue que le guano brûlait les plantes. Ces personnes pourraient en dire autant des cendres, de la colombine, de la fiente de poules, du purin, des urines, etc., qui produiraient les mêmes effets si on les employait sans mesure. Est-ce une raison pour ne s'en point servir ? Une fumure exagérée produit la verse des céréales : en conclurez-vous qu'il ne faut point fumer ? « *Le vin soutient l'homme,* » dit le proverbe, mais il le fait trébucher quelquefois : est-ce un motif pour en proscrire l'usage ? L'objection la plus sérieuse, c'est le prix de revient du guano. Les hommes les plus compétents ont déclaré que, pour retirer un avantage réel de l'emploi de cet engrais, il ne faudrait pas le payer plus de 20 à 21 fr. les 100 kilogrammes ; or, avec les frais de transport, il en coûte le double aujourd'hui.

Importance du commerce du guano.

Malgré cela, on en consomme annuellement en France plus de 20,000,000 de kilogrammes, représentant plus de 8,000,000 de francs. Ces chiffres vous donnent une idée de la faveur, je pourrais dire de l'engouement, qui a accueilli ce nouvel engrais.

Le guano ne dispense pas de fumer.

L'engouement a été tel que des cultivateurs allemands ont prétendu que l'on pourrait désormais se passer de fumier et de bétail. Ils n'ont pas tardé à revenir de leur erreur. Le guano ne dispense pas du fumier ; il en est l'auxiliaire, mais il ne saurait le remplacer. On a même remarqué qu'il ne produit tout son effet que sur des terres déjà bien préparées par des fumures.

Dans notre prochain entretien, nous parlerons d'un engrais bien autrement puissant que tous ceux dont il a été question jusqu'ici, d'un engrais que nous n'avons pas besoin d'aller chercher au loin, comme le guano, et que nous laissons perdre journellement.

SEPTIÈME ENTRETIEN

DES FIENTES DE L'HOMME.

Voici, de tous les fumiers, le plus puissant, le plus énergique, le plus riche en principes fertilisants, le plus prompt dans ses effets, le plus commun, le moins cher, et pourtant le plus négligé. A l'exception de quelques localités dont j'aurai l'occasion de vous parler, les fientes humaines sont si peu appréciées qu'on les laisse sans emploi et que souvent même on en tolère l'écoulement dans des rivières dont les eaux deviennent insalubres. Pour ne vous en citer qu'un exemple, maître Labisat, je le prendrai près de vous : la ville de Pau pourrait fournir à l'agriculture 60,000 hectolitres d'engrais qui, dans l'état actuel des choses, sont entraînés par les eaux du Hédas jusque dans le Gave, où ils se perdent journellement. Et, cependant, ils feraient merveille dans les landes du Pont-Long et ailleurs.

Au surplus, je dois avouer que l'une des villes où l'on devrait apprécier le mieux la valeur de cet engrais n'est pas plus soigneuse de le conserver. A Nantes, presque toutes les vidanges se déversent dans les égouts et de là dans la Loire qui les conduit en pure perte à la mer. A Paris même, on fait écouler dans les ruisseaux la partie liquide qui est la plus précieuse : on se contente d'enlever les matières solides pour les convertir en poudrette.

Il est vrai que l'emploi de l'engrais humain provoque un dégoût dont on ne peut se défendre au premier moment ; aussi je ne tenterai pas, maître Labisat, de combattre une répugnance que je partage ; seulement, nous allons examiner ensemble s'il ne serait pas possible d'atténuer, d'annuler même les inconvénients que présente l'emploi de cette substance, sans altérer les principes qui ont une action bienfaisante sur les cultures les plus variées.

— Je vous avoue, père Pratique, que je n'ai pu me décider encore à utiliser cet engrais, et je doute que vous parveniez à me convertir.

— Vous m'accorderez, maître Labisat, que si l'on voulait établir des latrines sur toutes les exploitations rurales, et s'astreindre à les fréquenter, les dispositions que je vous ai indiquées préviendraient bien des dégoûts. Je ne vous ai pas tout dit encore ; il me reste à vous expliquer comment, à l'aide de quelques préparations faciles et peu dispendieuses, les cultivateurs peuvent tirer un bon parti de l'engrais qui se produit chez eux et de celui que renferment les villes de leur voisinage.

— Ces matières, père Pratique, méritent-elles l'attention dont vous les honorez ? Je ne comprends pas que l'on s'en préoccupe.

— Vous êtes dans une erreur complète, maître Labisat : les villes sont de véritables étables d'hommes, a dit un agronome dont j'ai oublié le nom. Il y a, toutefois, cette différence que l'alimentation des hommes étant plus variée, plus substantielle que celle du bétail, leurs déjections sont plus riches en principes fertilisants. Vous ne vous faites sans doute aucune idée de l'importance du produit de ces étables humaines au point de vue agricole ?

— Non certes, père Pratique ; je n'y ai jamais songé, et j'ai peine à croire que cela vaille la peine de s'y arrêter.

— Ne vous hâtez pas trop de vous prononcer, maître Labisat : lorsque vous m'aurez entendu , il sera temps de décider si l'engrais humain doit être dédaigné.

Importance de ce produit.

Je vous ai dit, à propos de la fosse à purin, que le produit des vidanges était évalué à environ 3 hectolitres par an et par individu. Un habile chimiste, dont le nom m'échappe, a prétendu, après de nombreuses expériences, que l'engrais donné chaque jour par une personne adulte devait , s'il était recueilli exactement et bien employé, suffire à la production des substances végétales nécessaires à l'alimentation de cette personne. Cela me parait exagéré. Des calculs plus modérés établissent qu'un homme arrivé à l'âge adulte produit, en moyenne , 500 kilogrammes de déjections solides et liquides par année , qui suffiraient à la reproduction de 138 kilogrammes de froment.

Si vous multipliez cette somme d'engrais (500 kilog.) par 5, nombre moyen des habitants d'une exploitation rurale, homme, femme, enfants, serviteurs à demeure , nous arrivons à un approvisionnement d'engrais égal à 2,500 kilogrammes , capables de produire 690 kilogr. de froment ; or , comme le poids de l'hectolitre de froment équivaut à 75 ou à 80 kilogrammes, selon la sécheresse et la qualité du grain, les 690 kilogrammes équivaudraient à 9 hectolitres qui suffiraient pour l'alimentation de trois personnes. Croyez-vous, maître Labisat, que la chose soit à dédaigner ?

D'autres calculs , en argent , donnent au produit quotidien de chaque individu une valeur agricole de 15 centimes par jour, soit, pour une année, 54 fr. 75 c., c'est-à-dire plus qu'il ne faut pour payer les mois d'école de vos enfants.

Enfin, la somme totale de l'engrais humain en France, calculée d'après le chiffre de la population, que le dernier recensement élève à 38,000,000 d'habitants, suffirait, s'il n'était pas gaspillé, pour fumer 5 à 6,000,000 d'hectares

Quelle que soit notre opinion sur ces calculs, maître Labisat, ne demeure-t-il pas démontré que l'engrais humain représente, soit en argent, soit en nature, une valeur considérable? Comprenez-vous maintenant pourquoi on nous le recommande d'une manière si pressante?

Objections contre l'emploi de ces fientes.

— Tout cela, sans doute, serait bien fait pour me toucher, mais cette détestable odeur me suivrait partout, et puis on assure qu'elle se communique aux plantes sur lesquelles l'engrais a été répandu et qu'elle leur donne un mauvais goût.

—Pour ce qui est de la répulsion causée par l'odeur, il paraît, maître Labisat, qu'indépendamment des moyens de l'atténuer, dont je vous parlerai dans un moment, elle n'arrête pas les cultivateurs qui ont pris l'habitude d'utiliser cet engrais. Ainsi, en Flandre, où l'usage des vidanges est très ancien, car le transport en était réglementé et assujetti à des droits au profit du fisc (*), il y a plus de cent ans, on les recueille dans des citernes qui s'enrichissent des produits de la Hollande et de la Belgique ; elles ont, dans le commerce, les noms de *courte-graisse* ou de *gadoue*. La ville de Lille en livre, chaque année, aux cultivateurs plus de 1,000,000 d'hectolitres.

A Grenoble, toutes les vidanges sont enlevées par les fermiers des environs, qui paient aux propriétaires des fosses 3 à 3 fr. 50 c. par mètre cube.

A Dieppe, il n'y a pas longtemps, on avait pris l'habitude de jeter les vidanges à la mer : un cultivateur intelligent les fit porter chez lui ; elles lui revenaient à 1 fr. 50 c. le mètre cube. Son exemple a trouvé des

____

(*) Mémoire du marquis de Turbilly sur les défrichements, publié en 1760.

imitateurs en tel nombre que le mètre cube se paie aujourd'hui 12 ou 15 fr.

Aux environs de Lyon, à Nice, dans quelques parties de la Toscane, l'usage des vidanges est très commun, et on n'est pas arrêté par la mauvaise odeur qui leur est particulière.

Quant au goût que peuvent contracter les plantes sous l'influence de cet engrais, je sais qu'un cultivateur de la Belgique, M. Joigneaux, dont l'avis en matière de culture est d'un grand poids sans doute, assure que l'engrais humain, sous quelque forme qu'on l'administre, donne aux plantes sur lesquelles on le répand une saveur d'autant plus marquée que la plante est plus délicate et que sa croissance a été plus rapide. Mais les cultivateurs français, qui en font usage, ne partagent pas cette opinion. M. Moll a fait l'application de ce système de fumure sur 70 hectares, à 20 kilomètres de Paris, et l'épreuve n'a pas confirmé les appréhensions de M. Joigneaux. J'ajouterai que, dans la campagne de Nice, les vignes, les orangers et les violettes, dont il se fait un commerce considérable pour la parfumerie, ne reçoivent pas d'autre engrais.

Dans le département du Var, on l'applique, sans aucun inconvénient, à l'olivier, au mûrier et à la vigne, et l'on assure qu'il contribue à produire les raisins muscats les plus parfaits, les olives les plus grasses et les figues les plus douces.

Enfin, je puis vous affirmer que les choux-fleurs et les asperges cultivés en grand avec cet engrais aux environs de Dunkerque, et que des laitues-romaines venues en six semaines, à l'aide d'engrais où dominaient les vidanges, n'ont pas la moindre saveur désagréable.

Les cultivateurs du département du Nord, où l'emploi des vidanges est consacré par un usage très ancien, n'ont jamais soulevé cette objection. J'ajouterai que les vidanges, sous quelque forme qu'on les utilise, ont sur les autres fumiers l'immense avantage de ne contenir aucune semence d'herbes parasites.

Thaër, dont les préceptes ont aussi une autorité

imposante que ne contestera pas M. Joigneaux, affirme que si cet engrais produit de mauvais effets, ou que s'il n'a pas des avantages proportionnés à la peine qu'il occasionne, c'est tout simplement parce que l'on ne sait pas en faire un usage convenable.

Mode d'emploi.

— Voudriez-vous, père Pratique, m'expliquer comment on applique cet engrais?

— Il y a plusieurs manières, maître Labisat : on l'emploie soit en nature, à l'état de gadoue, c'est-à-dire solides et liquides frais, soit en mélange avec les fumiers, soit à l'état liquide, après l'avoir étendu de trois à quatre parties d'eau, soit sous forme de poudrette, soit enfin en compost.

En Flandre et en Belgique, on est dans l'usage de le répandre tel qu'il sort des fosses sur les terres destinées au lin, à l'œillette ou au tabac. Cependant, pour le lin particulièrement, on préfère, en Flandre, les urines étendues de quatre fois leur volume d'eau : les effets de ce stimulant, à la dose de 6 à 8,000 kilogrammes, sont tels que 1 hectare de lin ainsi traité se vend sur pied quelquefois jusqu'à 1,500 fr.

Aux environs de Lyon, on applique aux luzernes l'engrais humain très étendu d'eau, et cet arrosement produit plus d'effet que l'engrais concentré. On le répand aussi pendant la gelée sur les céréales en végétation ; enfin, il sert à la préparation des terres destinées au chanvre ou aux pommes de terre.

On l'emploie, à l'état naturel, pour la culture du chanvre dans le voisinage de Grenoble, et pour la culture du tabac et du colza aux environs de Strasbourg.

On verse cet engrais sur les terres, au printemps ou à l'automne, par un temps pluvieux et alors que les plantes sont chargées d'humidité : sans cette précaution, elles seraient exposées à être brûlées par les sels qu'il contient.

Dans un rayon rapproché de Paris, les cultivateurs de la vallée de l'Ourcq font un grand usage des vidanges. Ils donnent aux cultures industrielles et aux cultures

maraîchères, qui ont une importance considérable pour
l'approvisionnement de Paris, 40 mètres cubes par
hectare, et seulement 10 à 12 mètres cubes aux céréales.

Ces exemples, pris dans différentes localités fort
éloignées les unes des autres, vous montrent, maître
Labisat, que l'emploi de l'engrais humain tend à se
généraliser, même sous sa forme la plus désagréable.
Dans certaines localités, on a pris l'habitude de le convertir en engrais liquide.

Engrais liquides.

Sous cette dénomination d'*engrais liquides*, on
comprend : l'*engrais flamand*, ou *gadoue*, ou *courte-
graisse,* composé de déjections humaines étendues d'eau
et soumises à la fermentation dans des citernes ou des
fosses en maçonnerie ; le *lizier suisse*, dont je vous ai
parlé à l'occasion de la fosse à purin, qui se compose
des déjections solides et liquides du bétail, fermentées
en mélange avec de l'eau ; les *purins* formés des déjections liquides des bestiaux ; enfin, les *urines humaines*
qui à elles seules, si elles pouvaient être conservées,
suffiraient pour fumer 6 à 700,000 hectares.

Il y a quelques autres engrais liquides, tels que les
bouillons gélatineux, provenant de la cuisson des os ou
des corps d'animaux abattus ; les eaux ammoniacales
des usines à gaz et à schiste ; les eaux de lessive et des
savonneries ; celles qui proviennent du désuintage, du
dégraissage des laines. Mais ces engrais ne sont pas
aussi communs que les premiers : on ne peut en tirer
parti que dans le voisinage des usines qui les produisent.

En général, les engrais liquides sont précieux pour
la confection des composts : ils activent leur décomposition et les enrichissent d'éléments énergiques de
fertilisation facilement assimilables par les végétaux.

De toutes les formes sous lesquelles l'engrais humain
se présente aux cultivateurs, M. de Gasparin préfère le
mode flamand, qui ne l'emploie qu'après une fermenta-
tien prolongée, pendant un mois au moins. Ce liquide

est alors en état d'être utilement transporté sur les champs. Il peut se conserver fort longtemps, deux ou trois ans même, sans perdre aucune de ses propriétés.

A l'état liquide, mais étendu de trois ou quatre fois son volume d'eau pour n'être point brûlant, l'engrais humain réussit parfaitement sur les plantes potagères, telles que les artichauts, les choux, les navets, les radis, les tomates, les épinards; il a moins de succès sur les pommes de terre et les topinambours. Ses résultats les plus remarquables se produisent sur les fourrages, les trèfles, les luzernes, le raygrass, en un mot sur les plantes cultivées pour leurs feuilles et particulièrement sur celles dont la croissance est rapide.

Les farineux, tels que les pois, les haricots, les lentilles, les vesces, les fèves ne doivent pas recevoir l'engrais liquide pendant leur végétation : ces plantes délicates seraient brûlées par ce stimulant trop énergique.

Quant aux céréales, il faut combiner l'emploi de l'engrais liquide avec celui du fumier d'étable : sans cela, la paille serait grêle, l'épi fournirait peu de graine et la récolte serait exposée à verser.

L'engrais liquide ne convient pas aux betteraves destinées à donner du sucre : les fabricants ont remarqué que celles qui ont reçu cet engrais rendent moins de sucre que les plantes sur lesquelles on s'est abstenu d'en répandre.

En Angleterre, où il s'est fait des expériences en grand sur l'engrais liquide, c'est-à-dire avec les vidanges délayées dans l'eau jusqu'à dissolution des matières solides, on assure que cette fumure, distribuée par la voie des arrosements, est d'un bon effet sur les terrains de toute nature, depuis l'argile tenace jusqu'au sable. En France, on ne se prononce pas d'une façon aussi formelle, et l'on regarde avec raison les fumiers pailleux comme nécessaires pour diviser et ameublir les sols compactes, pour retenir les substances fertilisantes dans les terrains sablonneux, car l'emploi des vidanges ne dispense pas du fumier; on les considère comme un engrais auxiliaire applicable surtout à l'amélioration des fumiers et à la confection des composts.

— D'après les détails dans lesquels vous êtes entré, père Pratique, je vois que l'usage de cet engrais demande des précautions assez nombreuses et qu'il y a une limite que l'on ne doit pas dépasser.

— Sans doute, maître Labisat, mais ces précautions ne sont pas difficiles, et la limite vous laisse assez de latitude. La dose, par hectare, est comprise entre 100 et 400 hectolitres, qui sont l'équivalent de 10,000 kilog. de fumier.

M. Moll, dont je vous ai cité les expériences intéressantes, nous fait remarquer qu'avec les engrais liquides nous sommes maîtres de fumer avec promptitude, soit les récoltes déjà levées, soit les terres préparées ou ensemencées, soit les plantes en retard. Il conseille de cesser les arrosements lorsque la plante est arrivée à la moitié de sa croissance : il n'y a pas d'inconvénient à les continuer sur les récoltes racines, telles que les navets, les rutabagas et sur les betteraves qui sont cultivées pour l'alimentation des bestiaux.

Dans les exploitations où l'on voudrait introduire ce système, il serait indispensable d'avoir une fosse en maçonnerie, dans laquelle l'engrais, étendu d'eau, serait livré à la fermentation. Il serait bon de pouvoir, à volonté, diriger sur cette fosse les eaux pluviales qui, en lavant les toits des bâtiments et les cours, entraînent ordinairement avec elles des détritus de toute nature qui enrichiraient le dépôt.

— Père Pratique, la construction d'une fosse, le transport d'une énorme quantité de liquides et les travaux d'arrosement ne donnent-ils pas lieu à des frais considérables, sans parler de la difficulté de faire passer un charriot sur des terres en culture?

— Votre observation est juste, maître Labisat. Les frais de transport augmentent sensiblement le prix de cette marchandise : elle se vend, à Paris, au prix de 1 fr. 25 c. le mètre cube, et à Lille, au prix de 30 à 40 c. le tonneau, contenant de 100 à 125 litres.

L'épandage se fait par les moyens que je vous ai

indiqués pour l'emploi du purin. Lorsque le tonneau ne peut approcher suffisamment des planches à arroser, on y adapte un tuyau semblable à ceux des pompes à incendie.

Tout cela exige, sans aucun doute, des appareils et des opérations qui ne sont pas le fait de nos modestes domaines, mais nous en pouvons tirer d'utiles enseignements pour l'emploi des liquides de diverses origines que doit contenir la purinière, annexe indispensable du parc aux fumiers.

— En répandant ainsi des engrais infects dans le voisinage de nos habitations, n'allons-nous pas, père Pratique, nous exposer à créer autour de nous des foyers pestilentiels dont nous aurons ensuite beaucoup de peine à nous débarrasser ?

— Cette objection, maître Labisat, est plus grave en apparence qu'en réalité : comme on emploie généralement cette fumure en hiver ou à l'automne, par un temps pluvieux, et particulièrement sur des terres en préparation où l'absorption est facilitée par l'ameublissement du sol, l'odeur est assez promptement dissipée, alors même que l'on n'a pas eu recours à quelque moyen de désinfection préalable.

En attendant que l'on soit parvenu à désinfecter complétement l'engrais humain, la manière la moins incommode de l'utiliser consiste à l'étendre sur le fumier où à le faire entrer dans les composts. Les anciens, qui sont encore nos maîtres en tant de choses, le mêlaient aux fumiers et aux immondices de la ferme. Par ce procédé, les inconvénients résultant de l'odeur sont singulièrement diminués, et on ne court pas le risque de brûler les plantes.

Il me reste à vous parler de la poudrette.

La poudrette.

L'engrais humain, transformé en poudrette, a perdu une grande partie de son odeur ; mais des spéculations blâmables lui font subir trop souvent des altérations telles qu'on ne peut l'accepter sans défiance. Si le terreau épuisé, la tourbe pulvérisée, ou d'autres substances sans grande valeur agricole n'y entraient pour une forte part, la poudrette constituerait, sous un petit volume, un engrais des plus actifs ; elle ameublit la terre et elle n'y introduit aucun germe de plantes nuisibles. Ses effets, analogues à ceux du guano, sont rapides, mais ils ne sont pas de longue durée ; ils ne vont pas au delà d'une récolte.

Sur le domaine impérial des landes de Gascogne, où on a fait des essais comparatifs du fumier de ferme, du fumier de cavalerie, du guano du Pérou, de l'engrais de Pen-Broon (*), du noir animal, des résidus de tanneries et de la poudrette, il a été reconnu que la poudrette était, à prix égal, la fumure la plus avantageuse aux terres des landes, sauf la spécialité de certains engrais. On la tire de Bordeaux, qui en expédie aussi en Bretagne de fortes quantités.

Les cultivateurs des environs de Paris préfèrent la poudrette aux vidanges, bien qu'elle n'ait d'effet que sur une récolte, comme celles-ci, mais le transport et l'emploi en sont plus faciles.

Les fermiers de l'Anjou ont de la répugnance à se servir des vidanges ; ils emploient, cependant, un engrais auquel ils donnent le nom de *jaille*, et qui est tout simplement de la gadoue, dont la fermentation s'est opérée dans un tas de litières : c'est un véritable compost. Bon nombre d'entre eux font absorber les vidanges par de la sciure de bois, ou par de la tannée.

La poudrette, chez eux, rencontre moins d'opposition : on en fabrique dans le pays même, du côté d'Avrillé. Elle vaut 4 fr. l'hectolitre.

Dans certaines localités, on mélange l'engrais humain avec de la terre pour le dessécher et le convertir en poudre. La terre brûlée ou celle qui provient de l'écobuage est excellente pour cet usage : elle a l'avantage d'absorber plus rapidement les liquides et de les désinfecter en même temps. C'est un procédé analogue à celui qui est usité en Chine. Là on recueille l'engrais humain avec un soin minutieux : à l'entrée de toutes

-(*) Cet engrais est composé de débris de poissons.

les maisons , un vase est destiné à recevoir les excréments des habitants du logis et des visiteurs ; les
enfants, les femmes , les gens peu valides sont chargés
de pétrir ces matières avec de l'argile, dans la proportion d'une partie d'argile pour deux parties de matière,
et d'en former des espèces de galettes ou de briquettes
que l'on fait sécher au soleil : on les écrase au moment
de s'en servir, et on les convertit en une poudre qui se
répand à la main. Les Chinois, peuple très avancé,
dit-on, en agriculture, savent si bien tirer parti de cet
engrais, le seul qu'ils emploient, que le froment rend
en moyenne quinze fois la semence. On assure même
que le rendement s'élève parfois jusqu'à cent vingt fois
la semence : mais il y a un tel écart entre ces deux
termes quinze et cent vingt , que la dernière assertion
ne peut être admise qu'avec réserves. Ce qui est mieux
constaté , c'est que les maraîchers de ce pays se chargent
de fournir aux habitants des villes leur approvisionnement de légumes, moyennant l'abandon des vidanges.

Je connais, aux portes de votre ville, un propriétaire
chez qui les vidanges sont déposées dans une masse de
terre où elles sont abandonnées pendant deux ou trois
mois ; on brasse le tout au bout de ce temps, puis on
le laisse en repos pendant un mois. Il fait ordinairement cette opération au commencement de l'hiver, et
par ce moyen il obtient une véritable poudrette qui a
un effet merveilleux sur le potager. Je suis tenté de
croire que beaucoup d'autres personnes font comme lui,
mais qu'elles n'osent pas le dire tout haut dans la
crainte de discréditer les fruits qu'elles envoient au
marché.

— Père Pratique , la poudrette n'a-t-elle pas une
influence fâcheuse sur les plantes ?

— On lui reproche , comme aux vidanges, de com-
muniquer aux produits du sol une saveur peu appétis-
sante et de laisser échapper des vapeurs qui, absorbées
par les feuilles des plantes potagères, leur donnent un
mauvais goût; mais des cultivateurs, qui en ont fait
l'expérience, affirment que cette accusation n'est pas
fondée. Quoi qu'il en soit , on s'accorde à reconnaître

que les poudrettes et les vidanges désinfectées n'ont par elles-mêmes et ne communiquent aux plantes ni saveur ni odeur qui puissent en rendre l'usage désagréable.

On emploie la poudrette à la dose de 1,400 à 2,000 kilogrammes par hectare. Aux environs de Paris, la dose est généralement de 1,750 kilogrammes : on la sème à la volée, en toute saison, mais de préférence par un temps pluvieux.

— N'est-ce pas un engrais d'un prix très élevé, père Pratique ?

— Le prix, eu égard aux bons effets de la poudrette lorsqu'elle est pure, n'est pas exagéré : elle vaut 4 fr. 50 l'hectolitre comble, pris au dépôt de Bondy, près de Paris ; l'hectolitre pèse de 65 à 80 kilogrammes. On emploie de 18 à 22 hectolitres par hectare : ce serait une dépense de 81 à 99 fr., sans compter les frais de transport. Les poudrettes pèsent quelquefois 85 kilogr. l'hectolitre : lorsqu'elles dépassent ce poids, il y a de fortes présomptions qu'elles sont altérées.

A Nantes, elles pèsent ordinairement 75 kilogrammes l'hectolitre, qui se vend seulement 2 fr. 75 c.

Désinfection des vidanges.

Les altérations que les poudrettes subissent trop souvent et les préventions injustes dont elles sont l'objet les déprécient auprès de beaucoup de cultivateurs : elles seraient plus recherchées si les moyens que la science indique pour les désinfecter étaient mieux connus. Quelques-uns de ces moyens sont inapplicables partout ailleurs que dans les usines ou les fabriques d'engrais, mais il y en a qui sont à la portée de tout le monde et dont l'emploi ne nécessite pas un outillage particulier : tels sont les procédés qui reposent sur l'emploi du sulfate de fer ou du plâtre.

Le sulfate de fer désinfecte complétement les vidanges : la dose, pour 1 hectolitre de matières, est de 2 à 3 kil. de sulfate, dissous, à chaud ou à froid, dans 2 ou 3 litres d'eau : 5 kilogrammes par mètre cube seraient suffisants pour désinfecter une fosse. Quand je dis que la désinfection est complète, je ne prétends pas que les matières deviennent inodores, mais leur odeur change de nature et devient supportable.

Si des émanations incommodes sortaient de la purinière pendant les chaleurs de l'été , une dose de sulfate de fer, dissous dans l'eau, à raison de 35 à 40 grammes de sulfate par hectolitre de purin , ferait disparaître toute mauvaise odeur.

Le sulfate de fer se trouve à bas prix dans le commerce, et les résidus de cette substance , que l'on peut se procurer facilement , seraient aussi efficaces et d'un prix minime.

On dit que le sulfate de fer favorise la déperdition de l'ammoniaque qui a une grande valeur dans l'engrais. Cet inconvénient n'a pas lieu quand le sulfate de fer est appliqué avant la fermentation , qui s'annonce , dans l'engrais flamand , aussi bien que dans le lizier et les urines, par la présence de bulles à la surface du liquide.

Les matières qui ont été traitées par le sulfate de fer s'emploient à l'état liquide : on donne , par hectare , 20 hectolitres aux prés et la moitié seulement aux froments, à l'orge et à l'avoine : une dose plus considérable amènerait la verse.

On a proposé, particulièrement pour la conservation des urines, l'emploi du goudron de houille qui se trouve dans toutes les usines à gaz, ou bien le poussier de charbon. 16 kilogrammes de poussier suffisent pour absorber 100 kilogrammes d'urines qui sont en même temps préservées de la putréfaction ; car le charbon a la propriété singulière d'absorber, dans une proportion considérable, les gaz odorants.

D'autres préfèrent le plâtre qui agit comme absorbant et retient l'ammoniaque. A la dose de 30 à 35 kilogr., le plâtre solidifie 1 hectolitre de matières : on brise la masse et on la réduit en poudre au moment d'en faire usage. 2 kilogrammes de plâtre , mêlés à 1 hectolitre de vidanges , suffisent, sans les solidifier, pour retenir les principes fécondants que nous avons intérêt à conserver.

Enfin, on assure que 12 kilogrammes de plâtre cuit

et pulvérisé, mêlés à 2 kilogrammes de poussier de charbon, désinfectent et solidifient en peu de temps les excréments produits par un individu pendant une année entière.

L'engrais connu sous le nom d'*urate* est tout simplement de l'urine rendue solide par l'addition du plâtre, à raison de 16 à 17 kilogrammes de cette substance par hectolitre d'urine.

Je dois vous prévenir, maître Labisat, que l'on reproche au plâtre, appliqué aux vidanges, de provoquer un dégagement d'odeurs qui seraient fort incommodes dans le voisinage de l'habitation.

— Pardon, père Pratique, si je vous interrompts : jusqu'à ce moment, j'ai parfaitement compris tout ce que vous m'avez dit, mais vous venez d'employer, à diverses reprises, un terme qui m'est tout à fait inconnu ; veuillez me dire ce que c'est que l'ammoniaque ?

— Je me suis attaché, en effet, maître Labisat, à écarter de nos entretiens les expressions qui auraient exigé des commentaires dans lesquels j'aurais pu m'égarer sans vous satisfaire ; mais, puisque ce mot d'ammoniaque m'est échappé, faute de lui avoir trouvé un équivalent, je vous dirai que l'ammoniaque est un gaz incolore qui se manifeste par une odeur âcre et pénétrante d'urine putréfiée ; il s'en dégage, en effet, une quantité considérable des urines en putréfaction. C'est un des éléments les plus précieux des engrais. « Il est aux plantes, dit M. Malaguti, ce que la viande » est à l'estomac de l'homme. » L'argile, dont on se sert pour solidifier les vidanges, a la propriété de retenir une grande partie des gaz ammoniacaux qu'elles renferment, mais elle est moins efficace que le charbon.

— Père Pratique, vous ne me parlez point de la chaux : j'ai vu cependant des cultivateurs jeter dans leurs fosses de la chaux vive et convertir ainsi les matières en terreau ; ce moyen me paraît bien simple.

— Gardez-vous de les imiter, maître Labisat, car la désinfection s'opérerait aux dépens des éléments les plus actifs, les plus précieux de votre engrais.

Absorption des vidanges.

D'autres substances agissent par absorption à la façon du plâtre et du charbon, par exemple : les plâtras provenant de démolitions, l'argile calcinée, dont je vous ai déjà parlé ; les cendres de toute provenance, lessivées ou non ; la tourbe, le tan ou la tannée, les déchets de laine des fabriques, les bourres de poils qui s'amassent dans les tanneries, les tourteaux des graines oléagineuses, les touraillons, c'est-à-dire les germes, les radicelles de l'orge préparée pour la fabrication de la bière. Mais ces diverses matières ne se rencontrent pas ordinairement dans des conditions telles que le cultivateur puisse y avoir recours sans des dépenses qui élèveraient quelquefois la valeur de la matière employée à un prix supérieur à la valeur réelle du produit en engrais. Ainsi, les plâtras doivent être préalablement brisés et réduits en menus morceaux, si ce n'est en poudre ; la calcination de l'argile n'est pas une opération praticable pour tout le monde : le tan ou la tannée sont ordinairement convertis en mottes à brûler qui sont la ressource des plus humbles foyers ; les tourteaux servent, pour la plupart, à l'alimentation des bestiaux ; les déchets de laine, les bourres des tanneries ne se trouvent que dans certaines localités ; il en est de même des touraillons qui, parfaitement desséchés, absorbent une grande quantité de liquides ; les cendres offriraient des avantages incontestables : il n'y a guère de familles où l'on ne connaisse leurs propriétés absorbantes et désinfectantes et où on ne les emploie à l'absorption des matières qui souillent accidentellement le sol, dans l'intérieur des habitations, par le fait des enfants ou des animaux domestiques ; mais les cendres de bois, qui seraient les meilleures, sont réservées pour le lessivage du linge. La charrée, ou cendre lessivée, peut les remplacer pour l'usage dont nous parlons ; on peut aussi utiliser, dans ce cas, les cendres de houille, lorsque le voisinage des fourneaux industriels permet d'en disposer. Enfin, dans les localités où il existe des tourbières, les débris, les détritus de tourbe, qui seraient perdus pour la combustion, rendraient les mêmes services.

La tourbe elle-même serait un excellent absorbant : on en fait usage, depuis longues années, au Lycée de Caen, pour les vidanges de l'établissement. Les cultivateurs des environs se chargent d'apporter la tourbe ; ils la jettent dans les fosses et l'enlèvent à des époques déterminées. Ils obtiennent ainsi une poudrette qui donne les meilleurs résultats.

Dans le voisinage des usines où l'on carbonise la tourbe, on aurait presque pour rien les charbons et les menus poussiers. Ce sont les plus énergiques des désinfectants : 25 litres de ces poussiers suffiraient pour désinfecter 1 hectolitre de matière. M. Bobierre préfère le charbon de tourbe au charbon de bois, parce qu'il est plus économique. En y ajoutant des débris animaux provenant des abattoirs, on leur donnerait une grande valeur comme engrais. La propriété absorbante de ce charbon est telle que l'on n'a point à redouter des émanations infectes. J'ai vu, à Saumur, dans une fabrique d'engrais, un énorme tas de charbon de tourbe où l'on avait enterré douze chevaux coupés par quartiers. Cette masse de chairs en putréfaction ne laissait échapper aucune odeur, bien que l'opération se fît sous un hangar. Au bout de cinq à six semaines, les chairs se trouvent complétement absorbées ; il ne reste plus que les os qui ont aussi leur utilité dans la fabrique : ils servent à faire des bouillons gélatineux pour arroser le charbon, puis ils sont broyés, réduits en poudre et transformés en engrais.

Les cendres de tourbe, appliquées à l'absorption des vidanges, deviendraient un engrais de premier ordre, alors surtout que l'analyse y signalerait la présence du plâtre. Il en serait de même des cendres pyriteuses de Picardie.

A défaut de ces substances, on pourrait, comme à la ferme de Royat, département de l'Ariége, et à l'exemple des Chinois, se servir tout simplement de terre, particulièrement de terre brûlée, pour opérer la dessiccation des matières. Ainsi préparées, on les emploie à la dose de 20 hectolitres par hectare.

Poudre désinfectante.

Enfin, un vétérinaire du département de Lot-et-Garonne a présenté à l'Académie des sciences une poudre désinfectante, composée de plâtre et de coaltar, avec laquelle il assure que l'on désinfecterait presque instantanément les vidanges. Le coaltar est le produit de la distillation de la houille : il abonde dans les usines à gaz et il est à très bas prix. Il suffit de mélanger 100 kilogrammes de plâtre avec 1 à 3 kilogrammes de coaltar et de saupoudrer de ce mélange les matières à désinfecter. Cette poudre, dans laquelle il entre, dit-on, une certaine proportion de sulfate fer, ne coûterait pas plus de 1 fr. les 50 kilogrammes : ce serait merveilleux d'effet et de bon marché.

Les procédés de désinfection proposés pour les vidanges s'appliqueraient également aux égouts des villes, dans lesquels se perdent des immondices de toute nature. On l'a fait, en Angleterre, dans une ville dont j'ai oublié le nom et qui jusqu'alors avait souffert les émanations empestées d'un cours d'eau tributaire des latrines de neuf cents maisons. Puisse cet exemple profiter à certaine ville de notre connaissance, maître Labisat, où les latrines se déversent dans un cours d'eau heuréusement assez rapide pour déplacer des éléments d'infection qu'il serait prudent de supprimer.

Solidification des vidanges.

La solidification des vidanges est depuis longtemps l'objet des recherches des chimistes : ils ne se tiennent pas pour satisfaits de l'action du plâtre. Cette question intéresse tout à la fois l'agriculture et la salubrité publique, car on arriverait ainsi à la suppression de ces immenses dépôts qui infectent les localités où se fabriquent la poudrette et les engrais dont les vidanges forment la base. La solidification de ces matières amènerait la réforme des veuelles qui affligent nos habitations d'une manière permanente. Et pourquoi n'arriverait-on pas à transformer les matières fécales, dans les fosses mêmes, en un terreau complétement inodore? On pourrait dès-lors, à l'aide de tonnes ou de caisses mobiles, se débarrasser en tout temps et à toute heure, au profit de l'agriculture, d'un engrais dont la manipulation n'aurait rien de repoussant et que l'on aurait la faculté d'employer immédiatement. Ainsi, M. Girardin a opéré la désinfection complète et instantanée d'une fosse contenant 3 hectolitres de matières fécales, en y jetant un mélange pulvérulent de 12 kilog. de poussier de charbon de bois, de 1 kilog. de plâtre cru et de 1 kilog. de mauvaise couperose. Comme il n'est pas toujours facile de se procurer du poussier de charbon, M. Girardin le remplace par d'autres matières absorbantes et poreuses, telles que la tourbe, le tan, la sciure de bois, les balles d'avoine, la poussière des greniers à foin et à grains, ou tout simplement par de la bonne terre. Il a converti ainsi la gadoue en une matière analogue au noir animalisé et bien autrement énergique.

Faisons des vœux pour qu'un procédé aussi simple entre bientôt dans les habitudes de la population des villes au profit de nos campagnes.

Vous voyez, maître Labisat, que l'emploi des vidanges n'offre pas des difficultés insurmontables. A l'aide des divers procédés que je vous ai indiqués, et parmi lesquels vous pouvez choisir celui qui vous conviendra le mieux, il vous sera facile d'utiliser les matières de votre habitation et même celles que la ville vous fournirait, sans autres frais que ceux de l'enlèvement et du transport.

— J'aurais quelque peine, père Pratique, à me déterminer pour tel procédé de préférence à tel autre, si vous ne m'y aidiez pas en me disant ce que vous faites chez vous Je suis persuadé que vous avez pris les moyens les plus simples, les plus économiques et les plus efficaces.

— Je crois, en effet, maître Labisat, être arrivé à ce résultat; vous allez en juger. Je ne prétends pas avoir adopté le meilleur procédé, mais il est le plus simple, le plus facile, et il suffit pour enlever aux vidanges l'odeur repoussante qui les caractérise.

J'ai adopté le sulfate de fer qui, dans le commerce, reçoit aussi le nom de *couperose verte*. J'aurais pu, comme cela se pratique chez quelques personnes de la ville, faire jeter chaque jour dans la fosse du sulfate de fer réduit en poudre fine et à la dose de 25 à 30 grammes par personne, mais ce serait trop assujettissant pour les gens de la campagne : on oublierait mes recommandations, et on ne manquerait pas d'attribuer à l'insuffisance du procédé un échec qui serait uniquement l'effet de la négligence. Je me suis donc arrêté à ceci : toutes les fois que l'on place un tonneau vide dans les guérites dont je vous ai parlé, on y verse 2 kilogrammes de sulfate de fer préalablement dissous dans 2 litres d'eau. (Vous vous rappelez, maître Labisat, que les tonneaux dont je me sers ont la contenance de 1 hectolitre.) La désinfection s'opère graduellement : elle est complète lorsque le tonneau est à peu près plein. On le renverse alors sur la meule de fumier et on recouvre immédiatement les matières avec des charrées, auxquelles on ajoute les poussiers de charbons recueillis dans la cuisine, ou des terres entassées à cette intention. Quelquefois ces terres elles-mêmes me servent à faire un compost dans le genre de ceux dont je vous ai parlé.

— Voilà, en effet, père Pratique, un moyen qui me paraît être d'une exécution facile.

— Essayez, maître Labisat, et vous persisterez, j'en suis certain, lorsque vous aurez acquis, par votre propre expérience, la preuve que l'engrais humain est le meilleur et le plus efficace de tous ceux que nous connaissons. Si vous ne voulez pas aller le chercher à la ville, recueillez au moins celui qui se produit chez vous, et faites-le servir à l'amélioration de vos fumiers et de vos composts.

Vous trouvez peut-être, maître Labisat, que je me suis arrêté trop longtemps sur ce sujet, mais il donne lieu à des objections si nombreuses que j'ai dû m'efforcer d'y répondre et de lever vos scrupules. Je crois n'avoir rien omis d'essentiel : il y aura encore, vous devez vous y attendre, quelques inconvénients et quelques dégoûts inséparables du maniement des fumiers de cette nature ; mais les fumiers ordinaires n'en sont pas exempts non plus et comme , en définitive, les étables humaines sont les plus riches en éléments de fertilisation, il ne faut pas perdre de vue qu'en toutes choses les bons résultats sont en raison de la peine qu'il nous a fallu prendre pour les obtenir.

HUITIÈME ENTRETIEN

DES COMPOSTS.

Si vous n'avez pas oublié, maître Labisat, la réflexion qui terminait notre dernier entretien , vous aurez aujourd'hui l'occasion d'en reconnaître la justesse, car les composts exigent des manipulations nombreuses , compliquées quelquefois , mais ce sont des auxiliaires si précieux que le cultivateur ne saurait prendre trop de soins pour s'assurer leur concours.

Un compost, vous le savez, est un mélange de matières, de substances propres à fertiliser les terres. Leur préparation permet d'utiliser des substances diverses qui, abandonnées la plupart du temps à cause du peu de valeur qu'elles ont par elles-mêmes dans leur état naturel, sont perdues pour l'agriculture, tandis que, recueillies avec soin , soumises à certaines préparations faciles , peu dispendieuses , elles augmentent sensiblement la masse des engrais et servent à l'amendement du sol. Les composts sont utiles partout et particulièrement dans les métairies où les fumiers sont insuffisants. Il y en a qui ne demandent aucun déboursé ; ils n'exigent que du temps et des soins. Je connais un domaine où un compost, formé de détritus et de déjections de toutes sortes ramassés chaque jour le long des chemins et sur les diverses parties de la propriété, arrosé avec le purin, ne revient qu'à 1 fr. 15 c. la charge d'un cheval.

Composts en usage dans la région du Sud-Ouest.

— Je crois, père Pratique, qu'à cet égard nous suivons, depuis un temps immémorial, une méthode fort simple et peu coùteuse : nos composts consistent habituellement en un lit de chaux, de marne, de sable ou même de terre sur une épaisseur de 10 à 15 centimètres, placé entre deux couches de fumier ayant 30 à 35 centimètres d'épaisseur.

— Ces procédés sont bons, maître Labisat, et il serait à souhaiter que l'usage en fût plus répandu qu'il ne l'est. Mais vous trouvez que la chaux est chère, que la marnière est éloignée, que le sable est dur à extraire et lourd à charrier, que passer la terre à la claie, avant de la mêler au fumier, prend trop de temps, donne trop de peine ; vous économisez sur la matière et sur la main-d'œuvre : d'où il résulte que vos composts remplissent rarement les conditions d'une préparation soignée et bien entendue. Vous le reconnaîtrez vousmême lorsque je vous aurai expliqué ce qui se pratique dans d'autres localités.

Substances favorables à la confection des composts.

Je n'essaierai pas de vous faire l'énumération de toutes les matières qui peuvent servir à la confection des composts, je me contenterai de vous signaler celles qui sont les plus communes : les cendres et la suie de toute provenance, les charrées, ou cendres de lessive ; les feuilles des arbres, la sciure de bois, le bois pourri ; les balayures des greniers à foin et à grain, celles de la maison ou des cours, les résidus les plus infimes de la cuisine ; les ratissures des jardins, les gazons, les mauvaises herbes provenant des sarclages ; les épluchures des légumes, les fruits gâtés, les débris de paille, les tiges de colza, les déchets des bottes de navette, ceux qui proviennent de la préparation du lin ou du chanvre, les balles des céréales ; le marc des raisins, celui des fruits à cidre ; le tan et les débris des tanneries, les détritus de la tourbe ; les chiffons de laine coupés en petits morceaux ; les poils , les cheveux , les crins , les plumes, les râpures de cornes , les résidus des fabriques de colle ; les cadavres des animaux, ceux des chiens, des chats, des taupes , des rats, etc., etc., qu'on abandonne généralement dans les champs ou sur les chemins ; le sang des animaux de tout genre que l'on saigne ; les hannetons, auxquels je vous recommande de faire une chasse impitoyable si vous voulez purger vos champs des larves du ver blanc ; les résidus des boyauderies , des poissonneries et des salaisons ; les os de boucherie réduits en petits morceaux ; les cressons et les plantes aquatiques , telles que les roseaux , les joncs qui obstruent les cours d'eau ou qui croissent spontanément dans les fossés d'écoulement ; les orties, les herbes marines, etc., etc.

Ces substances , mêlées avec des plâtras de démolition, des décombres , des poussiers de charbon ; avec des terres provenant du curage des étangs , des mares ou des fossés ; avec des boues des routes , des terres, de l'argile, du sable, de la marne, de la chaux, du plâtre ; des matières fécales , des fientes diverses, et arrosées avec du purin, des urines , des eaux grasses , des rincures de tonneaux, des eaux provenant des féculeries, des savonneries, des lessives, des abattoirs, des routoirs où l'on a fait rouir du lin ou du chanvre , eaux qui contiennent des principes fertilisants qu'on laisse perdre ordinairement, ces substances , dis-je, ainsi mélangées et arrosées , fermentent , se décomposent et se réduisent en une sorte de terreau plus ou moins fin, plus ou moins meuble, selon le degré de décomposition des matières et d'un effet énergique sur toutes les cultures.

Préparation des composts.

Les composts se préparent à toutes les époques de l'année , selon la facilité que l'on a de se procurer les matériaux que l'on veut faire entrer dans leur composition. Les cultivateurs prévoyants font, pendant la saison où les travaux pressent le moins, leurs approvisionnements de chaux, de marne, de sable que l'on tient à l'abri de la pluie jusqu'au moment de les employer. On étend les substances solides ou terreuses sur l'aire préparée pour le fumier, comme je vous l'ai dit, dans le voisinage de la purinière, et on leur donne une épaisseur de 30 à 35 cent. : on place ensuite les autres matières sur une épaisseur à peu près égale et on arrose avec du purin. On procède ainsi par couches alternatives jusqu'à la hauteur de 2 m. au plus, puis on arrose et on recouvre la meule d'une couche de terre ou de sable qui est destinée à conserver l'humidité nécessaire pour favoriser la fermentation de la masse. Si l'on s'aperçoit que le tas se dessèche, on écarte la terre et on arrose avec le même liquide et à défaut avec de l'eau. Un arrosement modéré et répété tous les quinze ou vingt jours est suffisant pour entretenir une humidité favorable à la transformation des matières.

Au bout de deux ou trois mois, on retourne le tas entier, en le coupant à la bêche, puis on le refait, à mesure, en mélangeant tous ses éléments et en les arrosant comme la première fois. Lorsque la meule est complétement relevée, on la recouvre de terre et on l'abandonne à elle-même jusqu'au moment d'employer le compost.

Il y a des cultivateurs qui, ne craignant pas leur peine, recoupent deux ou trois fois le tas : ils obtiennent par là un engrais très consommé, favorable surtout aux prairies, au chanvre, au lin, au tabac, au pavot et aux plantes maraîchères.

Temps nécessaire pour la confection d'un compost.

Le temps nécessaire pour la confection d'un compost ne peut être déterminé à l'avance : cela dépend de la nature des matières qui entrent dans sa composition et des soins qu'on lui donne. En général, un intervalle de six mois suffit ; cependant, une année n'est pas de trop pour les composts où il entre une forte proportion de substances dont la décomposition est lente, telles que les feuilles, le tan ou la tourbe.

Emploi des cadavres d'animaux.

Lorsque l'on a à sa disposition le cadavre de quelque animal d'un gros volume, tel que celui d'un cheval, d'un bœuf, d'un âne, d'un mouton, on le divise en plusieurs morceaux que l'on place au centre du compost, afin de prévenir les émanations pestilentielles. Pour les animaux plus petits, il suffit de les enterrer dans quelque partie que ce soit du compost, pourvu qu'ils soient enveloppés d'une couche épaisse de 30 à 40 centimètres. A ce propos, je dois vous dire, maître Labisat, que l'abandon dans les champs, sur les chemins ou dans les fossés des cadavres d'animaux produit souvent les accidents les plus déplorables. Les mouches s'emparent de ces corps en putréfaction : elles y puisent des venins mortels qu'elles inoculent ensuite aux hommes ou aux animaux. Il n'y a presque pas d'année où l'on n'ait occasion de déplorer quelque cas de mort à la suite de piqûre faite par une mouche venimeuse. Ne souffrez donc jamais que l'on abandonne ainsi les corps des animaux morts, pas même ceux des rats, des souris, des mulots ou des couleuvres. On a bientôt fait d'enterrer sur place ces cadavres, si on est trop éloigné des fumiers ou des composts.

Tels sont les principes les plus généraux pour la confection des composts. Je vais entrer maintenant dans quelques détails sur la manière de les préparer avec les substances les plus communes : il vous sera facile d'appliquer mes instructions à toutes les autres. Mais il ne faut pas perdre de vue que les fumiers, le purin, les vidanges et les divers liquides analogues sont la base des meilleurs composts, de ceux qui coûtent le moins à confectionner et qui produisent le plus d'effet. La science offre les moyens de suppléer à ces matières, mais ils ne sont pas à la portée des cultivateurs, et ils ne peuvent être employés utilement que par les fabricants d'engrais.

Compost de fumier.

Voici un compost des plus simples préparé par un

propriétaire-cultivateur près de Hambourg : il fait
stratifier, macérer son fumier avec de la boue ramassée
dans les cours ou sur les chemins, avec des terres provenant du curage des fossés, avec les produits du
sarclage, les balayures du logis, les cendres de ses
foyers, les débris animaux et végétaux de toute nature
qui se ramassent chaque jour. Il arrose cet amas avec
du purin toutes les fois qu'il y remarque de la sécheresse ; il le couvre de terre, il retourne le tout à la
bêche lorsque les herbes poussent à la surface, et il
obtient ainsi un excellent terreau : c'est un exemple
facile à suivre, car, les éléments de ce compost se
trouvant partout, il ne s'agit que de les recueillir.

Dans la Normandie, aux environs de Bayeux et de
Coutances, dans l'Anjou et dans la Vendée, on prépare,
principalement pour les herbages et les prairies, un
compost avec de la terre, du fumier et de la chaux
mélangés dans diverses proportions, et réduits en terreau par l'effet de la fermentation et de manipulations
réitérées.

Chez M. Liazard, le lauréat de la prime d'honneur
du département de la Loire-Inférieure, en 1859, on
ramasse dans une fosse des feuilles, de l'argile, de la
tourbe, des débris d'animaux morts : on mélange ces
matières avec les fumiers à mesure que la meule s'élève ;
on en augmente ainsi la quantité à peu de frais et on
l'enrichit, car l'analyse a démontré que ce compost,
qui revient à 2 fr. 20 c. le mètre cube, n'est pas moins
actif que le fumier d'étable pur.

Compost de fumier pour les terres argileuses et compactes.

Il ne faut pas accumuler sans choix, sans discernement
toutes les substances qui peuvent entrer dans la formation des composts, car, selon leur composition, ils sont
tout à la fois des engrais et des amendements.

Si vous voulez amender, en la fumant, une terre
argileuse et compacte, vous emploierez de préférence
du plâtre en morceaux, des graviers, des mortiers
provenant de démolitions: du fumier de mouton ou de
cheval; des balayures des cours, des chemins ou des

granges ; de la marne maigre, sèche et calcaire ; du limon ou de la vase des rivières, des fossés et des mares ; des matières fécales, des débris de pailles, de fourrages, des mauvaises herbes. On dispose ces substances par couches alternatives dans l'ordre où je viens de les citer, et on procède pour la formation de la meule comme je vous l'ai indiqué il n'y a qu'un moment.

Compost de fumier pour les terres légères.

Si vous avez, au contraire, à amender une terre légère, poreuse ou calcaire, vous donnerez la préférence aux argiles, aux terres grasses, aux fumiers des bêtes bovines, aux marnes grasses et argileuses, aux vases les plus grasses des étangs et des mares.

Autres composts de fumier.

On fait, pour les prairies basses et humides, des composts de sable vif et de fumier.

Dans le département de la Seine-Inférieure, aux environs de Caudebec, les terres ramassées dans les cours et sur les chemins sont mêlées aux fumiers d'étables et d'écuries, mises en tas et retournées de temps en temps pour compléter le mélange. Au bout de six mois ou d'une année au plus, on peut disposer de cet engrais qui n'est pas sans valeur, mais il en aurait bien davantage si on l'arrosait avec les liquides recueillis dans la purinière.

Compost de chaux, de terre et de terreau.

Un des composts les plus connus, c'est celui qui se fait tout simplement avec de la terre, de la chaux et du terreau : on brasse ce mélange à plusieurs reprises ; on en forme des tas coniques ou pyramidaux, que l'on recouvre de terre battue avec le dos de la pelle, afin que les eaux pluviales glissent sur la surface sans pénétrer dans l'intérieur. En Allemagne, on introduit dans ce mélange une forte partie de cendres ou de charrée ; en France, on utilise, par le même procédé, les terreaux acides, les vases des étangs et des fossés.

On estime que la chaux entre pour un quart ou un cinquième dans les composts de ce genre.

Compost de chaux, de cendres de houille et de cendres de tourbe.

Dans le département du Nord, où l'usage de la chaux est fort ancien, on fait un mélange de chaux en poudre, de cendres de houille et de cendres de tourbe. Dans cette préparation, les cendres sont pour un tiers ou pour la moitié, selon que la terre a plus ou moins besoin d'être chaulée. Ce compost doit être tenu à l'abri de la pluie jusqu'au moment de le répandre.

Compost de chaux, de tuies, d'ajoncs, de bruyères, de fougères, etc.

Dans les pays de landes, tels que la Gascogne, la Bretagne et autres, où les ajoncs, les bruyères et les fougères se trouvent en abondance, il serait facile et peu coûteux de les convertir en excellent engrais au moyen de la chaux. Voici une méthode peu connue que je crois devoir vous recommander et qui s'applique de tous points à votre tuie.

Aux environs de Meaux, département de Seine-et-Marne, un cultivateur, qui dispose d'une grande quantité de bruyères, en prend une partie pour ses litières ; quant au reste, au lieu de l'étaler dans les cours et sur les chemins, il le met en meule : puis, lorsqu'il retire le fumier des étables, il commence par étendre sur l'aire une couche de bruyère de 60 ou 70 centimètres de hauteur, préalablement trempée dans un lait de chaux assez épais ; sur cette première couche, il met un lit de fumier sortant des étables ou des écuries ; il donne à ce lit une épaisseur de 30 à 35 centimètres, puis il place par dessus une nouvelle couche de bruyère détrempée comme la première. Il continue ces couches alternatives toutes les fois qu'il enlève la litière des animaux ; il arrose fréquemment la masse avec le lait de chaux pour qu'elle ne se dessèche pas, et il arrive ainsi à fabriquer d'énormes tas de fumiers excellents.

— Voilà, père Pratique, un moyen merveilleux, à ce qu'il me semble, d'utiliser nos tuies et toutes les herbes qui couvrent nos landes.

— Sans doute , maître Labisat, toute la région du Sud-Ouest, où l'ajonc, la bruyère et la fougère croissent spontanément sur d'immenses étendues de terres , pourrait, avec avantage, s'approprier cette méthode.

En Touraine , pays *méritoirement appelé le Jardin de la France,* disait Charles Estienne (*), il y a plus de trois cents ans , et qui a conservé jusqu'à nos jours ce surnom privilégié, on trouve encore une grande quantité de bruyères que l'on utilise en compost avec de la chaux. On y ajoute 4 à 5 hectolitres de noir animal par hectare , et l'on obtient ainsi une bonne récolte de froment.

Compost de chaux et de débris de toute espèce.

A la ferme-école de Royat , que je vous ai déjà citée, on fait fuser la chaux à l'air , mais à l'abri de la pluie, pendant l'hiver , puis on la mêle , dans la proportion d'un quart, avec les balayures de la cour, avec les terres et les vases provenant des fossés, avec des débris végétaux de toute espèce ramassés à l'avance. On fait, de ces diverses subtances, des tas en forme de pyramides ; on les brasse à diverses reprises , et on les emploie au bout d'une année. Ce compost se transporte aux champs vers le temps des semailles , on l'enterre par un labour superficiel.

Compost de chaux et de fumier.

Voici un compost de fumier d'étable et de chaux , recommandé par un des agriculteurs les plus éclairés du département du Gers, M. Lacome, dans un ouvrage qui a reçu les encouragements de l'administration /: sur une couche de 30 à 35 centimètres de fumier d'étable, composé de tuies, de fougère et d'autres herbes, on répand de la chaux délitée jusqu'à 2 ou 3 centimètres d'épaisseur , puis une seconde couche de tuie semblable à la première ; on tasse le tout, on piétine la surface, et on arrose avec le purin que l'on a tenu en réserve. On continue ainsi jusqu'à la hauteur de 2 mètres

(*) *Maison rustique,* de Charles Estienne, publiée en 1554.

environ. La dernière couche, qui doit être formée de
fumier d'étable, comme la première, se recouvre d'une
couche de terre pour préserver la masse d'un excès
d'humidité ou de sécheresse.

On fait des composts du même genre avec la chaux
vive. On procède exactement comme avec la chaux
délitée. On sème la chaux vive à raison de 4 à 5 centimètres d'épaisseur entre chaque couche de fumier ; on
arrose avec le purin qui en découle, et on recouvre la
meule avec de la terre ou du sable pour qu'elle ne se
dessèche pas.

Précautions à prendre pour l'emploi de la chaux dans les fumiers.

Il est essentiel de n'employer la chaux que sur des
fumiers frais, car si les matières animales qui existent
dans le fumier d'étable éprouvaient déjà un commencement de décomposition, la chaux favoriserait l'évaporation des gaz ammoniacaux qu'il importe de conserver.

On a remarqué que la chaux détruisait le germe des
mauvaises graines qui se trouvent souvent dans les
fumiers. Elle a la propriété de désorganiser, de réduire
toutes sortes de débris végétaux qui seraient complète-
ment perdus pour l'agriculture, si on ne les transformait
pas en engrais à l'aide de composts. Toutefois, il y a
des précautions indispensables à prendre. Les matières
que l'on veut désorganiser doivent former la couche
inférieure et la couche supérieure du compost en préparation ; les autres substances composent les couches
intermédiaires. Si quelques crevasses se manifestent
sur la meule pendant la fermentation, il faut avoir soin
de les boucher avec de la terre. Dans le cas où l'arrosement est nécessaire, on fait des trous avec une pince
de fer ou avec un pieu dans différentes parties de la
meule, afin que le liquide avec lequel on arrose pénètre
également partout. Enfin, on ne doit pas perdre de vue
que les composts de chaux sont d'autant meilleurs qu'ils
ont été plus souvent retournés.

La chaux qui a servi à l'épuration du gaz d'éclairage,
matière que l'on a longtemps considérée comme inutile,

sert, chez un propriétaire (*) du département des Hautes-Alpes, et probablement ailleurs, à la préparation d'un compost, dans lequel entrent une partie de chaux et deux parties de terre mélangées avec soin. Au bout de deux ans, on recoupe cette masse terreuse, en y ajoutant un tiers de fumier et, six mois après, au printemps, on répand cet engrais sur les prairies artificielles, à raison de 100 mètres cubes par hectare, ou bien on l'emploie à fumer les terres labourables. J'ai vu, chez lui, un blé et un trèfle d'une belle venue, à l'aide de ce compost.

Composts de marne.

La marne entre également dans la préparation des composts et peut, en beaucoup de circonstances, remplacer la chaux. La marne grasse et argileuse est la base de ceux qui sont destinés aux terres légères, poreuses et calcaires ; la marne sèche, sableuse est préférée pour les terres argileuses et compactes et pour les sols glaiseux. Je vous ai dit qu'à la colonie de Mettray et ailleurs, on l'employait en litière : il résulte de cette pratique un véritable compost fabriqué à l'étable même dans les conditions les plus favorables.

Il y a encore d'autres procédés pour transformer la marne en compost.

Compost de marne et de végétaux.

On la fait déliter à l'air, puis on la mêle avec des herbes, des gazons, des fumiers dont on forme des couches alternant avec la marne ; on donne à cette masse les arrosements et les manipulations que je vous ai conseillés au commencement de cet entretien. Ce genre de compost est en usage au domaine des Bouriettes, près de Carcassonne.

Des composts de marne et de végétaux préparés selon

(*) Une médaille d'or a été décernée, au concours régional de 1863, à M. Lesbros qui, le premier, dans le département des Hautes-Alpes, a eu l'heureuse idée d'utiliser la chaux d'épuration du gaz dans les composts dont il fait usage sur son domaine de Saint-Michel.

les principes de Jauffret, dont je vous parlerai tout à l'heure, ont, depuis quelques années, transformé en terres fertiles les landes du canton de Chevagne, département de l'Allier.

Compost de marne, de sable vif et de fumier d'étable ou de terreau.

Le sable vif et la marne, auxquels on ajoute du fumier d'étable ou du terreau, font aussi un très bon compost, surtout pour les terres fortes et pour le maïs. Il y entre deux parties de marne contre une partie de fumier ou de terreau. On le fait au mois de janvier, soit à la ferme, soit sur le lieu même où il doit être employé. Voici la manière de le préparer.

On commence par étendre à terre une couche de marne ou de sable vif de 12 à 15 centimètres d'épaisseur, puis une couche de terreau, de moitié moins épaisse; on arrose modérément avec du purin. On continue les couches alternatives de marne ou de sable et de terreau, arrosées, comme la première, jusqu'à la hauteur de 2 mètres environ. On recouvre le tout de 30 à 40 centimètres de terre disposée en forme de toit, avec deux pentes, afin que les eaux pluviales s'écoulent facilement et que le compost ne soit pas mouillé outre mesure. Vers le mois de mars, on coupe ce tas à la bêche et par tranches; on mêle bien les substances, puis on les remet en un monceau que l'on recouvre de terre comme la première fois, et qui reste en cet état jusqu'au moment où il doit être employé.

Composts de marne et de fumier.

On fait quelquefois des composts où il n'entre que de la marne et du fumier. Quelques personnes blâment cette pratique; elles assurent que la marne, mêlée au fumier, a le même inconvénient que la chaux, c'est-à-dire qu'elle provoque le dégagement d'un des principaux éléments de fertilisation, l'ammoniaque. Cependant, on ne s'en est point aperçu, ni à la colonie de Mettray, ni au domaine de Bouriettes, où l'on est dans l'usage de mêler de la marne aux litières et aux fumiers.

Des composts de vidanges.

En vous parlant de la désinfection des vidanges, je vous ai dit le parti que l'on pouvait tirer, à cet effet, du plâtre, des cendres et de la tourbe. Ces substances, mêlées aux vidanges dans des proportions variables, et abstraction faite de toute intention de les désinfecter, forment des composts d'une grande puissance. Quelques exemples vous démontreront toute l'importance des vidanges domestiques dans une exploitation rurale, quelle que soit son étendue.

Le stercorat.

Un homme de bien qui s'est occupé d'améliorations agricoles, M. de Morel-Vindé (*), avait imaginé, en 1818, un compost de matières fécales et de plâtre, auquel il a donné le nom de *stercorat*, et dont il obtenait des effets surprenants. Chez lui, toutes les déjections solides et liquides des gens de la ferme étaient recueillies dans des tonneaux avec les eaux de lessive; puis, une fois par an, à la fin de l'automne, le contenu des tonneaux était versé dans la fosse à purin et délayé, si cela était nécessaire, jusqu'à la consistance d'eau boueuse. Lorsque les matières étaient à ce point, on y répandait du plâtre cuit, réduit en poudre, dans la proportion de 25 kilogrammes de plâtre pour 60 litres environ de matières. On remuait ce mélange avec un rabot de maçon jusqu'au moment où le plâtre se trouvait pris. Quinze ou vingt jours plus tard, le mélange, devenu compacte, se coupait à la bêche : on le divisait en morceaux que l'on mettait à sécher sous un hangar. Lorsque la dessiccation était complète, on brisait les morceaux et on les réduisait en poudre. Cet engrais pulvérulent s'employait en nature, ou bien il servait à améliorer des composts de feuilles.

L'inventeur du stercorat, ayant remarqué que ce compost favorisait la production des herbes nuisibles,

---

(*) M. de Morel-Vindé, pair de France, faisait valoir une propriété considérable dans le département de Seine-et-Oise.

en réservait l'emploi, soit pour terreauter la dernière
année les prairies artificielles, soit pour fumer les terres
destinées aux plantes sarclées. Dans le premier cas, les
herbes nuisibles sont fauchées avant de monter en
graine, puis elles périssent à la suite du défrichement
de la prairie; dans le second cas, elles disparaissent
par le sarclage.

Compost de substances végétales, de chaux et de stercorat.

Voici la manière d'utiliser le stercorat avec des feuilles.
On ouvre une fosse de 1 mètre de profondeur sur une
dimension en longueur et en largeur proportionnée à la
masse de compost que l'on se propose de confectionner.
Au commencement de l'hiver, on y rassemble des feuilles
tombées des arbres et on en forme un lit de 30 à
35 centimètres d'épaisseur, sur lequel on étend une
couche de 8 à 10 centimètres de chaux vive que l'on
éteint sur les feuilles. On élève le tas jusqu'à la hauteur
de quatre ou cinq lits de feuilles et de chaux vive
superposés dans les mêmes proportions. Sur la dernière
couche de chaux vive, on porte les débris du jardinage,
les cendres lessivées, la suie des cheminées, les épluchures de tout genre, les boues, les vases, enfin les
immondices de toute nature qui, ramassées jour par
jour dans le cours de l'année, ne laissent pas de faire un
volume considérable. Il n'y a d'autre soin à donner à ce
compost que de retourner de temps à autre, avant
qu'elles ne portent graines, les herbes qui poussent
à sa surface. Au commencement de la seconde année,
on forme un nouveau compost comme le précédent; on
fait de même encore la troisième année. Dans le cours
de la quatrième année, on arrose le compost de la première année avec du purin; on le retourne deux fois,
puis on l'emploie lorsque le moment est venu. La place
qu'il laisse libre sert à la préparation d'un autre compost de même nature que l'on traite comme les
premiers : il en est de même du second et du troisième
compost; ils laissent, à leur tour, la place libre pour de
nouvelles préparations.

Par ce procédé, on se procure, la première fois dans

le courant de la quatrième année , et ensuite tous les ans, une masse de terreau bien consommé , précieux pour toutes les cultures, particulièrement pour les prairies et pour le maïs.

Le stercorat préparé par le premier procédé, pour l'amélioration des composts de feuilles , y entre pour un quart ou un cinquième , au moment où se fait la manipulation de la quatrième année.

Compost de vidanges, de chaux, de substances végétales, de vases, etc.

Sur le domaine de Canisy, dont je vous ai déjà parlé, on utilise les vidanges d'une manière moins compliquée et par conséquent plus facile à pratiquer. On fait, avec la chaux, la tangue, les vases des fossés, des abreuvoirs et des ruisseaux , avec les balayures des chemins, un compost sur lequel on vide les tonneaux des latrines à mesure qu'ils se remplissent. On remue ce mélange de temps à autre et , lorsque les matières sont bien amalgamées , on les dispose en tas auxquels on donne le nom de *tombes*. Le compost reste en cet état jusqu'au moment de l'employer. Lorsqu'il a été bien préparé, il se réduit en terreau qui convient surtout aux prairies.

Compost de vidanges et d'argile.

On peut encore mêler les vidanges avec des terres argileuses et les combiner avec le fumier. Dans ce cas , M. de Gasparin conseille de faire absorber les vidanges par des argiles cuites; je vous ai dit, à propos de la poudrette, que l'on pouvait affecter à cet usage des terres brûlées : elles produiraient les mêmes effets. Après leur absorption par les unes ou par les autres, les vidanges se trouveraient à peu près désinfectées , et il ne serait pas nécessaire de recourir au sulfate de fer. Ce procédé est plus expéditif que les deux précédents.

Compost de tourbe, de plâtre et de vidanges.

Dans les localités où la tourbe est à bas prix, voici , indépendamment de l'usage que l'on en fait au lycée de Caen, le parti que l'on peut en tirer.

2 hectolitres de tourbe ramassée dans les détritus des

briquettes destinées à la combustion sont rassemblés en un tas sur lequel on étend 1 hectolitre de plâtre en poudre. On mêle ces deux substances à la pelle, en ayant soin de briser les mottes autant qu'il est possible. Lorsque le mélange est effectué, on en fait un monceau, au centre duquel on verse 1 hectolitre de matières fécales, telles qu'elles sortent du tonneau servant de latrines. On recouvre le tout avec la tourbe et le plâtre. Dès que l'humidité se manifeste au dehors, ce qui a lieu ordinairement dans les vingt-quatre heures, on brasse le compost, on le retourne à la pelle en ayant soin de bien mêler les matières, puis on dispose la masse en un tas de forme pyramidale. Dans le cas où il se dégagerait de ce compost des odeurs désagréables, il suffirait, pour les annuler, de recouvrir la pyramide avec de la terre que l'on mélangerait avec le compost au moment de l'enlèvement.

Ce compost peut être employé peu de temps après sa confection : il a cela de commun avec les fumiers d'étable. Un célèbre agriculteur anglais assure que c'est le plus énergique des engrais pour les prés.

Compost de charbon de tourbe et de vidanges.

Le charbon de tourbe, mêlé avec des matières fécales, serait également d'un bon effet sur les cultures et il aurait l'avantage de désinfecter les vidanges ; mais il faut user modérément des composts où la tourbe en nature et le charbon de tourbe entrent pour une forte part, dans la crainte d'ameublir outre mesure des terrains déjà légers par eux-mêmes et auxquels vous ne pourriez donner des fumiers d'étable.

Compost de tourbe et de fumier.

Nous avons parlé, dans un de nos premiers entretiens, de la tourbe employée en litière ; nous venons de voir une de ses plus utiles applications en composts ; nous allons maintenant la faire servir directement à l'augmentation de la meule du fumier qui devient ainsi un véritable compost.

On place sur le fond de l'aire une couche de tourbe,

de 30 à 40 centimètres d'épaisseur ; on y étend un lit
de fumier sortant de l'étable, de 10 à 15 centimètres,
puis on continue par couches alternatives de tourbe et
de fumier jusqu'à la hauteur de 2 mètres au plus. On
arrose la meule avec le purin et on la gouverne comme
les fumiers en meule. La fermentation s'établit, la
tourbe se décompose et se convertit en engrais qui a
l'aspect du terreau. Mathieu de Dombasle faisait beaucoup de cas de ce compost. On en confectionne à la Trappe
de Mortagne, département de l'Orne, et le supérieur
de cet établissement, qui est un agriculteur distingué,
déclare qu'il n'y a pas d'engrais plus énergique.

Compost de tourbe et de chaux, ou de tourbe et de marne.

On obtient encore d'excellents résultats d'un mélange
de tourbe et de chaux, ou de tourbe et de marne disposées par couches alternatives, comme pour le précédent
compost.

Compost de cendres, de suie et d'herbes aquatiques.

Enfin, les cendres de bois, celles de tourbe ou de
houille, la suie, forment, avec les fumiers, les marnes
et les boues des routes, un excellent compost facile à
préparer.

Voici un exemple d'un compost de cendres et de suie.

A Montargis, département du Loiret, un cultivateur,
qui dispose d'une certaine quantité d'herbes aquatiques
provenant d'étangs, établit sur l'aire au fumier une
forte couche de ces herbages sur lesquels il répand des
cendres et de la suie, puis une couche de pailles et
d'herbages. Il répète la même disposition jusqu'à la
hauteur de 2 mètres au moins ; il arrose fréquemment
et obtient ainsi un compost des plus actifs.

La chaux est indispensable dans les composts où il
entre une forte partie de tourbe, de résidus de tanneries,
de tan ou de tannée, de vases des étangs ou des fossés,
de plantes aquatiques, de feuilles d'arbres ou de gazons,
afin d'enlever ou de neutraliser les principes acides que
renferment ces substances et qui seraient contraires à la
végétation.

La marne peut remplacer la chaux pour cet objet, mais il faut qu'elle soit délitée d'abord ; on l'emploie à double dose.

Un grand propriétaire du département du Loiret, qui s'occupe surtout de pépinières et de cultures maraîchères, a établi sur son domaine un petit bâtiment clos et couvert où sont placées des latrines, avec une entrée particulière pour chaque sexe, selon la recommandation d'Olivier de Serres. Les matières se déversent dans une fosse qui reçoit le purin des étables, des écuries et de la porcherie : il fait jeter dans cette fosse les cadavres des rats, des taupes, des animaux malfaisants, ceux des animaux morts accidentellement, tels que les volailles, les lapins, les moutons, etc. Il désinfecte avec le sulfate de fer par le procédé que je vous ai donné.

Ce liquide désinfecté lui sert à l'arrosement d'un compost formé d'herbages gras, de plantes aquatiques, de vases, de boues, de chiendents, de feuilles, de gazons enlevés dans les allées et sur les bordures des fossés, où il a soin de répandre chaque année les balayures des greniers à foin, etc. Les substances végétales forment le premier lit du compost sur une épaisseur de 50 à 60 centimètres ; le fumier des étables vient ensuite avec une épaisseur égale, puis on étale les substances terreuses, la vase, les boues, etc., que l'on recouvre de 3 à 5 centimètres de marne ou d'argile pulvérisées. Arrivée à ce point, la meule reçoit de nouveau les substances que je viens de vous nommer et aux mêmes doses environ ; puis elle se termine par une forte couche de fumier de cheval, de 45 centimètres. Chacune des couches est largement arrosée de purin sulfaté au fur et à mesure que la meule s'élève ; enfin, on étend sur cette masse une couverture de boue et d'argile ayant 10 cent. d'épaisseur et on l'appuie fortement pour empêcher les eaux pluviales de pénétrer dans le compost.

Le lendemain, un ouvrier, armé d'un pieu, perce la masse en divers endroits à la profondeur de 1 mètre à 1 mètre 30 centimètres ; il espace les trous d'environ 1 mètre, puis il arrose dans chacun de ces trous jusqu'à ce que la masse refuse d'absorber le liquide.

Cet arrosement se répète pendant quatre jours consé-
cutifs, puis on calfeutre la superficie de la meule, et on
l'abandonne à elle-même pendant cinquante ou soixante
jours.

Au bout de ce temps, on coupe la masse avec la
pioche ou avec la bêche; on mélange avec soin les
substances diverses qui entrent dans sa composition et
on les remet en tas. Quatre ou cinq jours avant d'employer cet engrais, on le recoupe de nouveau; on
complète au besoin le mélange des matières, soit à la
pelle, soit à la bêche, puis on en forme une masse
conique qui reste en cet état jusqu'au moment de
l'employer. Ce compost revient à 1 fr. 50 c. le mètre
cube. On en donne 100 mètres cubes par hectare, soit
1 centimètre d'épaisseur sur toute la surface. Le propriétaire de ce domaine estime à 15 centimes par
personne et par jour la valeur des engrais déposés dans
ses latrines : on compte chez lui journellement soixante
personnes, soit à demeure, soit de passage; c'est donc
9 fr. par jour et 3,285 fr. par an. Vous voyez, maître
Labisat, que les plus petits profits finissent par faire de
grosses sommes.

Moyen d'augmenter la masse des limons et des vases destinés aux composts.

Ce propriétaire use d'un moyen ingénieux pour
augmenter la masse des limons et des vases qui entrent
pour une part notable dans son compost. Ses terres
étant situées au-dessous de plusieurs autres, il a établi,
à divers étages, des bassins où il recueille les eaux qui
s'écoulent des terres supérieures et celles de la route.
Les vases et les limons que ces eaux entraînent avec
elles se déposent dans ces bassins, et fournissent chaque
année une masse de 4 à 500 mètres cubes. C'est là, sans
doute, une situation exceptionnelle; mais combien de
cultivateurs, qui pourraient user de la même ressource,
se privent, faute d'attention, d'un moyen bien simple
d'augmenter leurs engrais !

Je dois dire, à l'éloge de votre pays, maître Labisat,
que j'ai vu ce procédé appliqué dans les montagnes du

pays basque, entre Tardets et Ahusqui. Un cultivateur, dont je regrette de ne pouvoir vous dire le nom, a établi, sur le bord du chemin, un réservoir où il recueille, avec les eaux limoneuses qui descendent de la montagne, le purin que ses voisins laissent couler hors de chez eux, comme on le fait presque partout. Cette découverte, à laquelle j'étais loin de m'attendre en un lieu aussi sauvage, prouve qu'il ne faut pas désespérer du progrès.

Boues des villes.

Les boues et les immondices des villes, à l'état où elles sont enlevées, constituent un véritable compost que l'on emploie avec succès lorsque le tout a fermenté et après une manipulation qui a pour objet de compléter le mélange des substances diverses dont elles sont composées. Ces immondices, mêlées aux fumiers d'étables ou d'écuries, et arrosées avec du purin chargé de matières fécales, se convertissent en fumier très énergique dans l'espace de trente ou quarante jours. Voici la manière de les préparer.

Compost de boues de ville et de fumier.

Sur une couche de 30 à 35 centimètres de boues de ville, on étend 10 à 15 centimètres de fumier, et l'on arrose lentement afin d'imbiber exactement toute la masse. On élève la meule jusqu'à la hauteur de 1^m50 à 2^m, en alternant les couches d'immondices et de fumier, et en arrosant chacune d'elles comme on l'a fait pour les deux premières. Lorsque la meule est terminée, on l'arrose encore tous les jours pendant une semaine, puis on l'abandonne à elle-même : elle ne tarde pas à fermenter. On peut employer cet engrais dès qu'il commence à fumer. Il perd en vieillissant, et l'on assure qu'au bout d'un an, par exemple, il vaut moitié moins.

Compost ou engrais Jauffret.

Ces diverses préparations avec du purin, des herbes, des boues de villes, etc., me rappellent les procédés ingénieux d'un homme qui, le premier, peut-être, a eu l'idée de fabriquer du fumier à volonté, en tout temps, sans bétail. J'ajouterai, ce qui vous paraîtra sans doute impossible, qu'il le fabriquait en douze jours ! L'auteur de cette découverte, Pierre Jauffret, était un cultivateur provençal, propriétaire de 50 hectares de terres épuisées. Il voulut augmenter la production de ses fumiers, en y ajoutant, comme on le fait ordinairement, des herbes, des ajoncs, etc., préalablement brisés, attendris par le piétinement des bestiaux et le passage des charrettes. Il ne tarda pas à reconnaître que ces substances appauvrissaient le fumier, tout en grossissant son volume. Il les arrosa avec le purin qu'il eut soin de recueillir, mais ce liquide était insuffisant. Alors il eut l'idée de composer un liquide, analogue aux urines et au purin des étables, une lessive capable de provoquer rapidement la fermentation des substances végétales ajoutées au fumier. Ses procédés ont eu un grand succès en Provence, en Bretagne, dans la Guyenne, dans le Berry : malheureusement, ils n'ont pas enrichi l'inventeur. Jauffret est mort pauvre, après avoir rendu un immense service aux cultivateurs en leur enseignant les meilleurs moyens d'utiliser des substances considérées jusqu'alors comme inutiles, et de les convertir, dans l'espace de peu de jours, en un fumier qui rivalise avec celui des étables.

On a reproché à la méthode de Jauffret de produire l'engrais à un prix trop élevé en raison de la main d'œuvre. Cette objection est sérieuse, s'il s'agit de spéculer sur la fabrication ; mais elle a moins de valeur pour celui qui entend utiliser, pour son propre compte, des plantes ne servant pas à l'alimentation du bétail et des substances telles que celles qui entrent dans les composts. D'ailleurs, les procédés de Jauffret ont été simplifiés.

Compost analogue à celui de Jauffret.

Dans son excellent traité des *Matières fertilisantes,* M. Heuzé assure que 75 litres de matières fécales, 75 litres de chaux, 75 litres de colombine et 75 litres de cendres préparés en lessive et livrés à la fermentation sont suffisants pour convertir en engrais 600 kil.

de bruyères, de genèts, d'ajoncs, de ronces et 300 kil.
de pailles, le tout brisé et stratifié avant d'être mis en
meule. On arrose avec la lessive, à mesure que la meule
s'élève.

Les cultivateurs du département des Basses-Pyrénées,
ceux des Landes et de la Bretagne, d'autres encore,
pourraient utiliser ainsi les tuies, les ajoncs, les fougères, les bruyères et le buis qui y croissent en grande
abondance.

La méthode de Jauffret a trouvé beaucoup d'imitateurs : je crois qu'elle est encore aujourd'hui l'objet
d'une exploitation industrielle. Cette circonstance ne
me permet pas d'entrer dans plus de détails sur sa
fabrication ; mais je puis vous dire, avec la certitude
de n'être pas démenti par vos expériences, que les
liquides préparés dans la fosse au purin, selon les
indications que je vous ai données, produiront des
résultats identiques à ceux de la lessive de Jauffret,
peut-être avec un peu plus de temps.

En résumé, sans s'exagérer l'importance des composts
et sans prétendre les substituer au fumier d'étables, il
est d'une extrème importance de ne pas négliger cette
ressource. Recueillez donc, maître Labisat, sans aucune
exception, sur un coin de votre parc au fumier, toutes
les substances, de quelque nature qu'elles soient, en si
minime quantité que ce soit, qui sont susceptibles de se
décomposer par la fermentation ; arrosez-les avec le
purin, et vous transformerez les éléments les plus
disparates en un terreau homogène que vous pourrez
mélanger avec vos fumiers pour les enrichir ou employer
directement sur les prairies. Il y produira des effets
surprenants, parce qu'il *terre*, il *chausse* et *nourrit*
tout à la fois les plantes en végétation.

<hr>

CONCLUSION

Une semaine entière s'était écoulée sans que j'eusse revu le père Pratique : le temps me paraissait long, car je m'étais habitué à l'entendre raconter ses voyages et m'expliquer les faits si variés qu'il avait eu l'occasion d'observer. Je commençais à m'inquiéter de son silence et je me disposais à me rendre chez lui, lorsque je le vis arriver à une heure où je ne l'attendais plus.

— Je n'ai que quelques instants à vous donner, maître Labisat ; je suis sur le point de partir pour faire mes vendanges. Mais, bien que je sois pressé par le temps, je n'ai pas voulu vous quitter sans résumer les conseils qui ont fait l'objet de nos entretiens.

Je vous ai cité beaucoup d'exemples pris en France ou à l'étranger : peut-être avez-vous trouvé que j'aurais dû en être plus sobre. Mais si, me dispensant de préciser en quels lieux j'avais vu l'application des procédés que je vous ai décrits et de vous donner la preuve de leurs bons effets, je m'étais contenté de vous conseiller de *faire ceci*, de ne pas *faire cela*, vous ne m'auriez probablement pas écouté avec une attention aussi soutenue, et vous auriez conservé des habitudes dont la réforme est désirable. L'agriculture ne profite guère des généralités ; il lui faut des préceptes adaptés aux circonstances, comme au soldat des armes éprouvées par l'expérience. Les procédés agricoles, pour avoir de l'autorité, doivent s'appuyer sur des faits authentiques : « *Expérience passe science,* » dit un vieux proverbe. Les faits, à leur tour, ont besoin d'explications pour être compris et imités, car « *pour bien faire une chose, il faut la bien entendre premièrement,* » dit Olivier de

Serres, et le travail le plus fructueux sera toujours celui qui aura été exécuté avec le plus d'intelligence.

Le cultivateur français, en général, ne ménage pas sa peine; puisse-t-il ne pas ménager davantage le fumier. Jusqu'à ce jour, il en emploie trop peu ; aussi la terre produit peu : il en résulte que le travail des champs est mal rétribué. On les quitte dans l'espoir de trouver à la ville, ou même au delà des mers, un salaire plus élevé que la terre nous refuse, parce que nous ne savons pas tirer de son sein les trésors qu'elle renferme.

« *Pierre qui roule n'amasse pas de mousse* » est un vieux proverbe toujours vrai. J'ai vu un grand nombre de gens courir après la fortune et déplorer plus tard leur vaine poursuite. Combien sont morts à l'hôpital, combien sur la terre étrangère, maudissant le jour où ils avaient déserté le village ! On compte aisément ceux qui rentrent au pays avec quelque aisance, mais on ne parle ni de ceux qui ne sont plus, ni de ceux qui végètent encore dans l'abandon et la misère, sans espoir de retour. Le bonheur, s'il est de ce monde, le bien-être du moins, la vie facile ne se trouvent que sur le sol de la patrie, sous le toit paternel, au sein de la famille, au milieu des amis d'enfance. Le travail de la terre est rude et peu rétribué, me direz-vous? Il est moins rude que celui des fabriques ou des ateliers. Si l'on gagne moins à la campagne qu'à la ville, la campagne offre moins d'occasions de dépenses, moins d'entrainements auxquels on n'a pas la force de résister : si les salaires y sont moins élevés, les dépenses sont moins considérables, les économies plus faciles; enfin, le travail de la terre laisse à l'homme sa liberté, son indépendance. L'homme des champs n'est ni machine ni esclave : il ne relève que de lui-même : il n'obéit qu'à la loi du devoir qui nous gouverne tous, grands ou petits, riches ou pauvres.

De toutes les conditions sociales, retenez bien ceci, maitre Labisat, l'agriculture est la seule peut-être où le succès dépende de l'homme : *Tant vaut l'homme, tant vaut la terre.* Le secret de la bonne agriculture (j'entends par bonne celle qui est rémunératrice) consiste à donner au sol le maximum des fumures, afin qu'il rende le maximum des récoltes, au meilleur marché. Il n'est pas question de faire de l'agriculture à prix d'argent, à ce compte on serait bientôt ruiné, mais de *faire de l'argent avec l'agriculture*.

Je vous ai indiqué les moyens d'avoir des litières de toute nature et de n'en jamais manquer ; de les convertir en fumiers riches et énergiques ; de suppléer à leur insuffisance : il ne vous reste plus, maître Labisat, qu'à régler vos opérations, si vous le jugez à propos, d'après les exemples que je vous ai proposés, sauf à choisir ceux qui s'appliquent le mieux aux ressources locales et aux exigences de vos cultures. C'est ainsi que vous soutiendrez l'antique renommée de votre métairie et que vous vous élèverez au premier rang parmi les agriculteurs de votre pays. Quand je vois des terres en friche ou mal cultivées, envahies par le chiendent, les chardons et autres herbes parasites, je ne puis me défendre de mal penser du maître ; car *les mauvaises herbes sont de la famille des mauvais cultivateurs*, comme le disait Jacques Bujault. J'en dirais autant des fumiers négligés ou mal préparés, si je ne connaissais bon nombre d'agriculteurs, très haut placés dans l'opinion publique, qui ne savent pas soigner leurs fumiers, ou qui ne veulent pas s'en donner la peine. Mais partout où vous verrez une étable bien tenue, des litières abondantes, une meule de fumier dressée avec goût et accompagnée de composts ; une purinière établie avec intelligence, vous pouvez être certain de rencontrer un bon cultivateur et un riche domaine, car *tant vaut le fumier, tant vaut la terre*.

Quelques jours après ce dernier entretien, le père Pratique vint nous faire ses adieux, et, comme je lui exprimai la crainte de n'être pas suffisamment pénétré de ses bons conseils, il me remit un petit livre, dans lequel je fus bien surpris de retrouver tout ce qu'il m'avait dit depuis que nous nous connaissions.

C'est ce petit livre, ami lecteur, que je mets sous tes yeux; donne-le en lecture à tes enfants, afin de les initier de bonne heure aux principes les plus essentiels de l'agriculture: prête-le à tes amis, à tes voisins: recommande-leur de suivre les avis du père Pratique, s'ils veulent améliorer leurs terres et doubler leurs récoltes, car *le véritable trésor du cultivateur est dans la meule de fumier.*

FIN.

TABLE DES MATIÈRES

FIN DE LA TABLE DES MATIÈRES.

Imprimerie et Lithographie SIRVEN, rue d'Aubuisson, 38-40, Toulouse.